高等职业教育机械类创新规划系列教材

金工实训（车工）

主　编：王培磊　蒋建文
副主编：李　洪　李　毅
参　编：郎卫珍　李　鑫

天津大学出版社
TIANJIN UNIVERSITY PRESS

图书在版编目(CIP)数据

金工实训. 车工 / 王培磊, 蒋建文主编 ; 李洪, 李毅副主编. -- 天津 : 天津大学出版社, 2023.7（2024.2重印）
高等职业教育机械类创新规划系列教材
ISBN 978-7-5618-7361-8

Ⅰ. ①金… Ⅱ. ①王… ②蒋… ③李… ④李… Ⅲ. ①车削－实习－高等职业教育－教材 Ⅳ. ①TG-45

中国版本图书馆CIP数据核字(2022)第233109号

出版发行 天津大学出版社
地　　址 天津市卫津路92号天津大学内（邮编：300072）
电　　话 发行部：022-27403647
网　　址 www.tjupress.com.cn
印　　刷 天津午阳印刷股份有限公司
经　　销 全国各地新华书店
开　　本 787mm×1092mm　1/16
印　　张 9.5
字　　数 249千
版　　次 2023年7月第1版
印　　次 2024年2月第2次
定　　价 60.00元

前　言

党的二十大报告指出，培养什么人、怎样培养人、为谁培养人是教育的根本问题。育人的根本在于立德。高职教育是职业教育的重要组成部分，编写好职业教育实训教材，是推进职普融通、产教融合、科教融汇，优化职业教育类型定位的重要抓手。在本套实训教材的编写过程中，编者坚持以党的二十大精神为引领，将“落实立德树人根本任务，培养德智体美劳全面发展的社会主义建设者和接班人”的编写宗旨贯穿始终，在教授学生掌握岗位能力和劳动技能的过程中，强化对工匠精神的培养，使学生树立爱岗敬业、精益求精，为全面建设社会主义现代化国家，最终实现中华民族伟大复兴的中国梦不断努力奋斗的远大理想信念。

高等职业教育以培养生产、建设、管理、服务第一线所需的高素质技能型专门人才为根本任务，在建设人力资源强国和高等教育强国的伟大进程中发挥着不可替代的作用。近年来，我国高职高专教育蓬勃发展，积极推进校企合作、工学结合的人才培养模式改革，办学水平不断提高，为现代化建设培养了一批高素质技能型专门人才，对高等教育大众化做出了重要贡献。

本书是针对在普通车床方面有一定基础的高中文化以上的操作人员编写的，供其学习提高所用，亦适用于高职本科学生实习实训及作为企业内部职工培训的教材。本书依托大连机床品牌 CKA6150 型数控车床，采用 FANUC 系统进行数控车床编程加工的讲解。全书共设置 6 个项目，分别为数控车床安全操作、FANUC 系统数控车床编程、FANUC 系统数控车床操作、加工循环指令实训、螺纹循环指令实训、零件综合加工实训。本书通过对行业的了解及对企业需求等的调研，确定人才培养方案，使相关内容紧密联系实际加工，语言通俗易懂，并尽可能避免使用专业术语，偶有专业术语也进行了详细讲述。通过对本书的学习，可以不断提高学生的实际动手能力，进一步与企业需求接轨。

本书主要由天津轻工职业技术学院的教师共同编写，王培磊、蒋建文任主编，李洪、李毅任副主编，郎卫珍、李鑫（天津汽车模具股份有限公司）参与编写。在本书编写过程中，编者参阅了国内外出版的有关教材和资料，在此对相关人员表示衷心感谢！

由于编者水平有限，书中难免存在不妥之处，恳请读者批评指正。

编　者

2022 年 10 月

目　录

项目1 数控车床安全操作

文明生产与安全操作是企业管理中十分重要的内容，二者直接影响产品质量，影响设备和工、夹、量具的使用效果和寿命，还会影响操作者技能的发挥。因此，严格遵守相关操作规程不仅可以给操作者提供一个安全的工作环境，而且还可以提高生产效率。本项目要求学生学习并掌握数控车床安全操作规程的相关内容，通过安全文明的生产实习，树立正确的实习目标，深入学习体会工匠精神，严格要求自己，认真学习专业知识技能，为中国制造、中国创造添砖加瓦。

任务1 数控车床安全操作规程

☑ 任务内容

学习安全生产操作条例，且在实训过程中深入理解并应用安全生产操作条例。

☑ 任务目标

(1)充分理解安全操作的重要性。

(2)在实训过程中做到自觉遵守安全生产操作条例。

☑ 任务准备

(1)知识准备：通过"职教云课堂"在线预习。

(2)装备准备：工装、安全帽等。

(3)用品准备：教材、笔、纸等。

☑ 知识链接

安全操作内容如下。

(1)操作设备时请戴上防护目镜，穿上安全防护鞋，戴安全帽；女生一定要将头发盘好并放到帽子里；工作服的袖口和衣边应系紧，操作过程中不能戴手套。

(2)操作数控系统前，应检查两侧的散热风机是否正常，以保证系统有良好的散热效果。应该仔细检查数控车床(也称"数车")各部分机构是否完好，应按要求认真检查数控系统及各电气附件的插头、插座是否连接可靠。

(3)使用数控系统时，对各按键的操作不得用力过猛，更不允许用扳手或其他较硬工具进行按压、敲击等操作，避免对按键造成损坏。

(4)保证车床周围环境干净、整洁、光线适宜；车床附近不能放置其他杂物，以免给操作者带来不便；未经过安全操作培训的人，不能操作车床。

（5）机床上所用的夹具必须具有足够的刚性，安装时必须采取防松措施，在车床特别是车床的运动部件上不能放置工件、工具等物。

（6）数控系统在不使用时，要用布罩套上，防止灰尘进入，并应定期进行内部除尘或细微清理。

（7）在清除沉积在车床、配电板以及数控（Numerical Control，NC）装置上的灰尘、碎屑时，应避免使用压缩空气枪。

（8）操作和维修人员必须特别注意安全标牌上的有关安全警告的说明，操作时应完全按照说明进行。

（9）车床上的固定防护门、各种防护罩、盖板，只有在调试车床或车床静止时才能打开，NC 装置以及配电柜的门更不能随便打开，不得随意拆卸或改装安全装置，如行程两端的限位撞块以及电器互锁装置的限位开关。

（10）车床在运转时，操作人员的任何身体部位都不能接近运转部件，应记住急停按钮的位置，以便在紧急情况下能够快速按下。

（11）清理铁屑时，先停机，注意不能用手清理刀盘及排屑装置内的铁屑。

（12）开启冷却系统时，先停机，然后再调整冷却喷嘴的位置。

（13）安装刀具时，应使主轴及各运动轴停止运转，注意刀具伸出长度不得超过规定值。在刀盘转位时，要特别注意防止刀尖和床身、拖板、防护罩、尾座等发生碰撞。当自动转位刀架未回转到位时，不得强行用外力使刀架非正常归位，以防止损坏刀架的内部结构。

（14）完成对刀后，要做模拟换刀过程试验，以防止正式操作时发生撞坏刀具、工件或设备等事故。

（15）三爪卡盘的卡爪必须为标准卡爪，卡爪装好后，其外围必须在卡盘外径以内。工件装夹时应尽量平衡，未平衡时不能启动主轴。

（16）虽然数控车削加工过程是自动进行的，但并不属无人加工过程，期间仍需要操作者经常观察。加工过程中，操作者不允许随意离开生产岗位，要注意环境温度对数控系统的影响，勤观察纵横向步进电机的温升变化情况，以便在出现异常时立即停机。

（17）进行软爪成形切削时，应注意软爪的夹紧位置和形状；软爪成形后，检查其夹持零件是否牢靠，夹持力是否合适。

（18）当同时用卡盘和顶尖固定工件时，应注意工件的质量、中心孔的形状、大小及顶紧力。如果顶持一个质量大而中心孔又小的工件，在加大载荷时，会损伤顶尖，致使工件飞出。因此，要特别注意顶尖孔（一般为中心孔）的大小，使顶尖的负荷不要过大。

（19）下课后，按规定切断车床电源，然后把车床各部位（包括导轨）擦干净，再按说明书中的规定给导轨和各运动部位涂上防锈油。还应认真做好交接班工作，必要时，应做好文字记录。

☑ 任务步骤

（1）跟随教师学习数车的安全操作规程，了解其重要性，及在生产过程中什么时候容易出现安全隐患，如何避免。

（2）学生分组讨论安全重点，抄写安全操作规程（表 1-1-1），加深印象，在进入实训场地之前做好充分准备。

（3）完成“职教云课堂”的习题。

表 1-1-1　安全操作规程

系列		班级		学号		姓名	
数控车床安全操作规程							

☑ 任务评价

<table>
<tr><td>任务</td><td colspan="7"></td></tr>
<tr><td>系别</td><td></td><td>班级</td><td></td><td>学号</td><td></td><td>姓名</td><td></td></tr>
<tr><td colspan="8">(1)进入实训场地前应该如何穿着？是否可以戴手套，为什么？(30%)

(2)更换工件时，是否开启主轴旋转，为什么？如何正确安装更换工件？(30%)

(3)安装刀具时应注意什么？刀盘旋转时应注意什么？(40%)</td></tr>
<tr><td colspan="8">教师评价：</td></tr>
<tr><td colspan="8">得分：</td></tr>
</table>

任务 2　6S 现场管理法

☑ 任务内容

学习 6S 现场管理法的内容，并在实训中切实贯彻 6S 现场管理法。

☑ 任务目标

(1)掌握 6S 现场管理法的内容。
(2)能够正确运用 6S 现场管理法。

☑ 任务准备

(1)知识准备：通过"职教云课堂"在线预习。
(2)装备准备：工装、安全帽等。
(3)用品准备：教材、笔、纸等。

☑ 知识链接

1.6S 管理的内容

6S 指日本企业推行的一种 6S 管理制度，6 个"S"分别代表整理、整顿、清扫、清洁、素养以及安全。企业员工的理想，莫过于拥有良好的工作环境、和谐融洽的管理氛围。实施 6S 管理的目的就是创造安全、舒适、明亮的工作环境，提升员工真、善、美的品质，从而塑造企业良好的形象，实现共同的理想。

1)整理(Seiri)

整理指将办公场所和工作现场中的物品、设备清楚地区分为需要的和不需要的，对需要品进行妥善保管，对不需要品则进行处理或报废。

2)整顿(Seiton)

整顿指把需要的人、事、物加以定量、定位。通过前一步整理后，对生产现场需要留下的物品进行科学合理的布置和摆放，以便能够用最快的速度取得所需之物，在最有效的规章、制度和最简捷的流程下完成作业。

3)清扫(Seiso)

(1)划定范围、分配工作。
(2)系统地清理个别场地和器材，及时发现潜在问题，避免情况恶化。
(3)执行改善措施，不断寻找途径，加快清理过程，重点处理难以清理的地方。
(4)建立整洁规则，开展群体协作。

4)清洁(Seiketsu)

清洁指将 3S 的做法规范化，维持整理、整顿、清扫后的局面，使工作人员感觉整洁、卫生。规范化包括立法和守法两方面,一定要有明文规定,订立守则,告示全员,使大家知所依从,才能持之以恒。1S,2S,3S 是短期行为,可以一鼓作气,做出成绩,但这些只是 6S 的起步。许多企业学习 6S,进行清除、整理、清扫后,就没有下文了,主要原因是没有发展出一套明确的系统,以长期实施并维持前面三个"S"的成果。订立规则、制度,制订年计划,明确责任、权力,赏罚分明,制定卷标、标识,设计控制,提高可视度等,都属于立法范围。这些要求,都是和 ISO 9000 质量标准不谋而合的。守法,则关注人员是否合作、自律性是否强、自觉性是否高,同时也关注所立的"法"是否合情合理。

5)素养(Shitsuke)

素养即教养,努力提高人员的素养,使其养成严格遵守规章制度的习惯和作风,是 6S 管理的核心。没有人员素质的提高,各项生产活动就不能顺利开展,即使开展了也不能长久坚持。所以,抓 6S,要始终着眼于提高人的素质。

6)安全(Security)

安全指重视成员安全教育,使其每时每刻都有安全第一的观念,防患于未然,目的是建立起安全生产的环境,使所有的工作在安全的前提下开展。

2. 实施 6S 管理的作用

(1)提升企业形象:整齐清洁的工作环境能够吸引客户,并且增强企业员工的自信心。

(2)减少浪费:场地中杂物乱放,致使其他东西无处堆放,这是一种空间的浪费;在翻找东西的时候因为杂物乱放导致耗时增加,这是一种时间的浪费;物品乱放造成丢失,这是一种资源的浪费。

(3)提高效率:拥有一个良好的工作环境,可以使人心情愉悦,而人在心情愉悦的时候工作是可以事半功倍的;东西摆放有序,能够提高工作效率,减少搬运作业。

(4)质量保证:一旦员工养成做事认真严谨的习惯,他们生产的产品的返修率会大大降低,进而提高产品品质。

(5)安全保障:通道保持畅通、员工养成认真负责的习惯,会减少生产及非生产事故。

(6)提高设备寿命:对设备及时进行清扫、点检、保养、维护,可以延长设备的使用寿命。

(7)降低成本:做好 6 个"S"可以减少搬运作业,减少返工率,减少资源浪费,这些都可以降低成本。

(8)交期准:生产制度规范化使得生产过程一目了然,生产中的异常现象明显化,一旦出现问题可以及时调整作业,以达到交期准确的目的。

☑ 任务步骤

(1)跟随教师学习 6S 现场管理法的内容,了解其重要性。

(2)学生分组讨论 6S 现场管理法,加深印象,在进入实训场地之前做好充分准备。

(3)完成"职教云课堂"的习题。

☑ 任务评价

<table>
<tr><td>任务</td><td colspan="7"></td></tr>
<tr><td>系别</td><td></td><td>班级</td><td></td><td>学号</td><td></td><td>姓名</td><td></td></tr>
<tr><td colspan="2">内容</td><td colspan="3">个人总结</td><td colspan="3">分组讨论结果</td></tr>
<tr><td colspan="2">课上内容（30%）</td><td colspan="3"></td><td colspan="3"></td></tr>
<tr><td colspan="2">实训场地 6S 实施程度（30%）</td><td colspan="3"></td><td colspan="3"></td></tr>
<tr><td colspan="2">常见的安全操作还有哪些？
（40%）</td><td colspan="3"></td><td colspan="3"></td></tr>
<tr><td colspan="8">教师评价：</td></tr>
<tr><td colspan="8">得分：</td></tr>
</table>

洪家光——言传身教 匠心筑梦

洪家光始终秉持“国家利益至上”的价值观,以实干践行初心,在生产一线创新进取、勇攀高峰。航空发动机被誉为现代工业“皇冠上的明珠”,其性能、寿命和安全性取决于叶片的精度。他潜心研究叶片磨削加工的各个环节,自主研发出叶片磨削专用的高精度金刚石滚轮工具制造技术,经生产单位应用后,叶片加工质量和合格率得到了提升,助推了航空发动机自主研制的技术进步。凭借该项技术,他荣获2017年度国家科学技术进步二等奖。在工作岗位上,他先后完成了200多项技术革新,解决了300多个生产难题,以精益求精的工匠精神为飞机打造出了强劲的“中国心”。他以国家级“洪家光技能大师工作室”和省级“洪家光劳模创新工作室”为平台,先后对行业内外2 000余人(次)进行专业技能培训,亲授的13名徒弟均成为生产骨干。他先后完成工具技术创新和攻关项目84项,个人拥有8项国家发明专利,团队拥有30多项国家发明专利,助推航空发动机制造技术水平提升,积极为实现“中国梦”“强军梦”“动力梦”贡献力量。

项目 2　FANUC 系统数控车床编程

数控车床具有加工通用性好、加工精度高、加工效率高和加工质量稳定等特点，是理想的回转体零件加工车床。数控车床能自动完成轴类和盘类零件内外圆柱面、圆锥面、球面、圆柱螺纹、圆锥螺纹等工序的切削加工，并能完成切槽、钻孔、扩孔、铰孔等工序的加工。FANUC 系统是当下比较常见的编程系统之一，本章重点介绍 FANUC 系统的用法及编程格式。

任务 1　编程知识与坐标系

☑ 任务内容

学习数控车床编程知识、编程格式及机床坐标系的相关知识。

☑ 任务目标

（1）了解数控车床的机床坐标系，学习编程基础知识、代码使用格式。

（2）理解机床坐标系的意义。

（3）理解机床原点、机床参考点及编程原点之间的关系。

☑ 任务准备

（1）设备准备：大连机床品牌 CAK6132 型数控车床。

（2）用品准备：笔、纸、绘图工具等。

☑ 知识链接

1. 编程知识

程序编号：

O××××

其中，×××× 为四位数（1~9999），不允许为“0”。

程序段顺序号：

N××××

其中，×××× 为四位数（1~9999）。编程顺序号可有可无。

程序段的构成如图 2-1-1 所示。

N — G — X(U) — Z(W) — F — M — S — T —

N	G	X(U)	Z(W)	F	M	S	T
程序段号	准备功能	X轴移动指令	Z轴移动指令	进给功能	辅助功能	主轴功能	工具功能

图 2-1-1　程序段的构成

2. 坐标系的设定

1)机床坐标系的设定

在编写工件的加工程序前,首先要设定各个坐标系。如要对工件的车削进行程序控制,必须首先设定机床坐标系。数控车床坐标系的概念有机床原点、机床坐标系以及机床参考点。

Ⅰ. 机床原点

机床原点是机床上的一个固定点,数控车床一般将其定义在主轴前端面的中心,如图 2-1-2 所示。

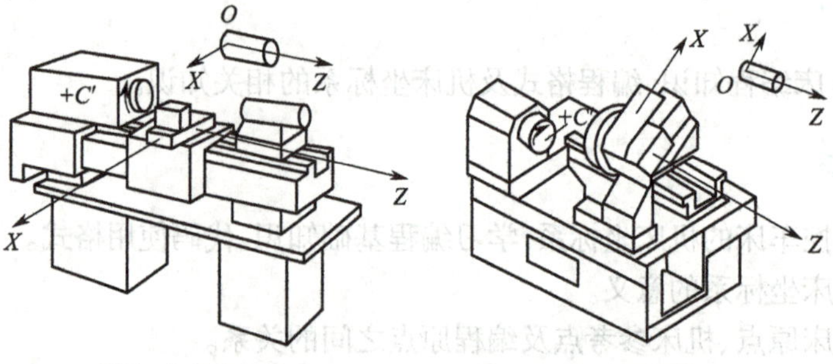

前置刀架数控车床　　后置刀架数控车床

图 2-1-2　机床原点

Ⅱ. 机床坐标系

机床坐标系是以机床原点为坐标原点建立的 X、Z 轴两维坐标系。Z 轴与主轴中心线重合,为横向进刀方向;X 轴与主轴中心线垂直,为纵向进刀方向,如图 2-1-3 所示。

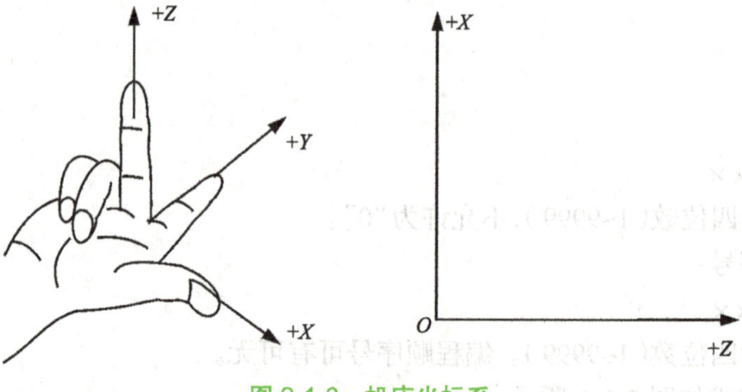

图 2-1-3　机床坐标系

Ⅲ. 机床参考点

机床参考点是指刀架中心退离距机床原点最远的一个固定点，如图 2-1-4 所示。该点在机床制造厂出厂时已调试好并将数据输入数控系统中。

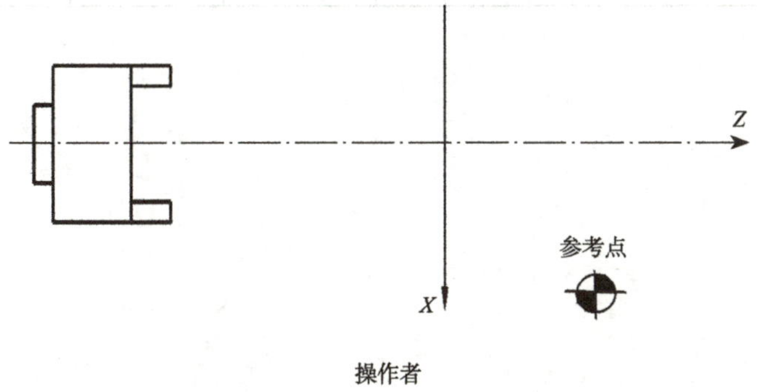

图 2-1-4　机床参考点

数控车床开机时，必须先确定机床参考点，也称为刀架返回机床参考点操作。只有机床参考点确定以后，车刀移动才有了依据，否则，不仅编程无基准，还可能发生碰撞等事故。机床参考点的位置设置在机床滑板箱 X 正方向，Z 轴正方向极限位置由滑板上的机械挡块通过行程开关来确定，当刀架返回至机床参考点时，装在 X 向和 Z 向滑板上的两挡块分别压下对应的开关，向数控系统发出信号，停止滑板运动，即完成了回机床参考点的操作。

2）工件坐标系的设定

当采用绝对值编程时，必须首先设定工件坐标系，该坐标系与机床坐标系是不重合的。工件坐标系的原点就是工件原点，而工件原点是人为设定的。数控车床的工件原点一般设在主轴中心线与工件左端面或右端面的交点处。设定工件坐标系就是以工件原点为坐标原点，确定刀具起始点的坐标值。工件坐标系设定后，数控系统屏幕上显示的是车刀刀尖相对工件原点的坐标值。编程时，工件各尺寸的坐标值都是相对工件原点而言的，因此，数控车床的工件原点又是程序原点。

☑ 任务步骤

（1）学习 FANUC 系统编程代码的使用方法。

（2）以大连机床品牌的数控车床为例学习机床坐标系。

（3）完成课程小结。

☑ 任务评价

任务							
系别		班级		学号		姓名	
课程小结：							
教师评价：							
得分：							

任务 2　N、F、T、S 功能介绍及编程格式

☑ 任务内容

学习数控车床 N、F、T、S 指令功能和用途及各个指令使用时的注意事项，学习运用各指令编程的方法。

☑ 任务目标

（1）能够独立运用各指令进行编程。
（2）学会区分各个指令的选择应用条件。

☑ 任务准备

（1）知识准备：通过相应教材进行预习。
（2）用品准备：笔、纸、绘图工具等。

☑ 知识链接

1.N 功能指令

程序段号是用地址 N 和后面的四位数字来表示的，通常是按顺序在每个程序段前加上编号（顺序号），但也可以只在需要的地方编号。

指令格式：

N(1~9999)

2.F 功能指令

进给指令是表示进给速度的代码指令，进给速度是用字母 F 和其后面的若干位数字来表示的。

1）每分钟进给（G98）

系统在执行了一条含有 G98 的程序段后，在遇到 F 指令时便认为 F 所指定的进给速度单位为 mm/min。

指令：

G98 F100；

即进给速度为 100 mm/min。

G98 被执行一次后，系统将保持 G98 状态，即使断电也不受影响，直至系统执行了含有 G99 的程序段，G98 便被取消，而 G99 将发挥作用。

2）每转进给（G99）

若系统处于 G99 状态，则 F 指令所指定的进给速度单位为 mm/r。

指令:

G99 F0.1;

即进给速度为 0.1 mm/r。

同样,要取消 G99 状态,必须重新启用 G98,否则系统默认使用 G99。

3.T 功能指令

刀具功能指的是机床换刀功能,即根据加工需要在某些程序段用指令进行选刀和换刀,刀具功能指令用字母 T 和其后的四位数字表示。其中,前两位为刀具序号,后两位为刀具补偿号。每次刀具加工结束后,必须取消其刀具补偿。

指令格式:

T××××;

注意:

(1)刀具的序号与刀盘上的刀位号相对应;

(2)刀具补偿包括几何形状补偿和磨损补偿;

(3)刀具序号和刀具补偿序号不必相同,但为了方便,二者尽量一致;

(4)取消刀具补偿指令为 T00。

4.S 功能指令

主轴功能主要包括主轴转速或线速度,主轴功能指令用字母 S 和其后面的数字表示。

1)恒线速度控制(G96)

G96 是执行恒线速度控制的指令。数控系统执行 G96 指令后,便认为用 S 指定的数值表示切削线速度。

指令:

G96 S200;

即表示切削线速度为 200 m/min。

在恒线速度控制中,数控系统将刀尖所处位置的 X 轴坐标值作为工件的直径来计算主轴转速,所以在使用 G96 指令前,必须正确设定工件坐标系。

2)主轴转速控制(G97)

G97 是取消恒线速度控制的指令。此时,S 指定的数值表示主轴每分钟的转速。

指令:

G97 S1000;

即表示主轴转速为 1 000 r/min。

3)主轴最高速度限定(G50)

G50 除有设定坐标系的功能外,还有限制主轴最高转速的功能,即用 S 指定的数值设定主轴的最高转速(r/min)。

指令:

G50 S2000;

即表示把主轴的最高转速设定为 2 000 r/min。

用恒线速度（G96）控制加工端面、锥度和圆弧时，由于刀具的 X 轴坐标值不断变化，所以当刀具逐渐移近工件旋转中心时，主轴转速会越来越高，工件有可能从卡盘飞出。为了防止事故发生，有时必须限制主轴的最高转速，这时可使用“G50 S_”指令来达到目的。

例如：设定主轴转速的几种代码。

G96 S200；线速度恒定，切削线速度为 200 m/min

G97 S600；取消恒线速度控制，主轴转速为 600 r/min

G50 S1000；用 G50 指令设定主轴的最高转速为 1 000 r/min

【扫码查看数控车床恒线速和恒转速的区别】

☑ 任务步骤

（1）学习 FANUC 数控系统编程代码的使用方法。

（2）完成各个任务中指令空缺的内容。

（3）完成任务的课程小结。

☑ 任务评价

<table>
<tr><td>任务</td><td colspan="7"></td></tr>
<tr><td>系别</td><td></td><td>班级</td><td></td><td>学号</td><td></td><td>姓名</td><td></td></tr>
<tr><td colspan="8">课程小结：</td></tr>
<tr><td colspan="8">教师评价：</td></tr>
<tr><td colspan="8">得分：</td></tr>
</table>

任务 3　数控车床常用编程指令

☑ 任务内容

学习数控车床编程指令知识、编程格式及根据图纸独立进行编程的方法。

☑ 任务目标

（1）学会看图，分析图纸。
（2）熟练掌握数控车床编程代码的格式、循环指令的应用等。
（3）具备独立对工件加工进行编程的能力。

☑ 任务准备

（1）知识准备：通过相应教材进行预习。
（2）用品准备：笔、纸、绘图工具等。

☑ 知识链接

编程代码详细说明见表 2-3-1。

表 2-3-1　编程代码

功能	地址	说明
程序号码	O（EIA）	数控程序的编号
程序段序号	N	程序段序号
准备功能	G	指定数控车床的运动方式
尺寸字	X、Z、U、W	各个坐标轴上的移动指令
	R	圆弧半径、倒圆角
	I、K	从始点到圆弧中心的距离
进给功能	F	指定进给速度，指定螺纹的螺距
主轴功能	S	指定主轴的转速
刀具功能	T	指定刀具编号，指定刀具补偿编号
辅助功能	M	指定辅助功能的开关控制
暂停	P、U、X	停刀的时间
指定程序号	P	指定程序执行的编号
指定程序段号	P、Q	指定程序开始执行和返回的程序段号
重复次数	P	子程序的重复操作次数

1.G 代码

常用指令 G 代码见表 2-3-2。

表 2-3-2 常用指令 G 代码

G 代码	组	功能
G00	01	快速定位（快速进给）
G01		直线插补（切削进给）
G02		圆弧插补（凹）
G03		圆弧插补（凸）
G04	00	暂停
G27		返回参考点检测
G28		返回参考点
G32	01	螺纹切削
G40	07	取消刀尖圆弧半径补偿
G41		刀尖补偿（左）
G42		刀尖补偿（右）
G50	00	设定坐标系，设定主轴最高转速
G98		每分进给
G99		每转进给

1）快速定位（G00）

用 G00 指令定位时，使用绝对方式或增量方式都可以让刀具以快速移动的速度向工件坐标系的某一点移动。绝对方式（绝对坐标编程）时，用终点的坐标值来编程；增量方式（相对坐标编程）时，用刀具的移动距离来编程。

以 G00 快速移动插补指令为例进行说明，如图 2-3-1 所示。实现 P1 → P2 移动的指令如下。

绝对坐标编程：

G00 X50.0 Z5.0;

增量坐标编程：

G00 U-10.0 W-25.0;

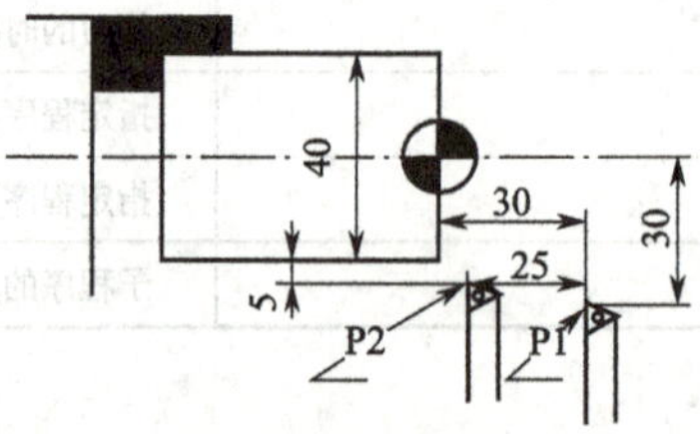

图 2-3-1 G00 快速移动插补指令示例（mm）

【练习 2-3-1】　编程实现 P2 → P1 移动。

绝对方式指令:______________________

增量方式指令:______________________

2)直线插补(G01)

G01 指令用于直线或斜线运动的切削加工,可使数控车床沿 *X* 轴、*Z* 轴方向执行单轴运动,也可以执行在 *X*、*Z* 轴平面内的任意斜率下的复合运动,用 F 指令表示直线移动的速度。

直线插补指令 G01 可用于圆柱切削、圆锥切削、倒角等。

【例 2-3-1】　进行直线插补加工(图 2-3-2),刀尖起点坐标为(*X*=50,*Z*=0)。

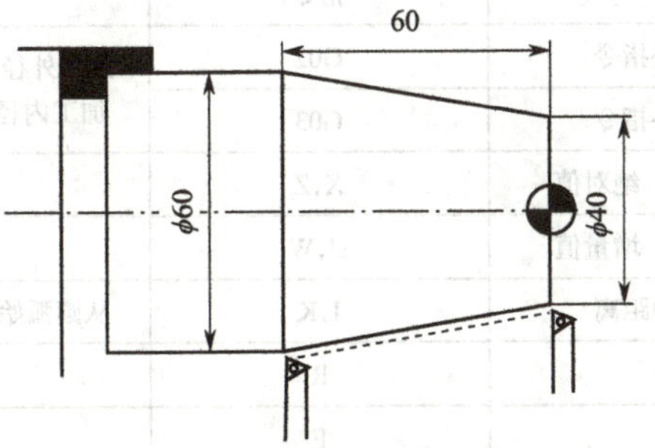

图 2-3-2　直线插补加工(mm)

直线插补加工程序如下。

绝对坐标编程:

```
G01 X50.0 Z-60.0 F0.2;
```

相对坐标编程:

```
G01 U0 W-60.0 F0.2;
```

绝对相对坐标混编:

```
G01 X50.0 W-60.0 F0.2;
```

或

```
G01 U0 Z60.0 F0.2;
```

【例 2-3-2】　进行斜线插补加工(图 2-3-3),刀尖起点坐标为(*X*=50,*Z*=0)。刀尖起点坐标为(*X*=40,*Z*=0),终点坐标为(*X*=60,*Z*=−60)。

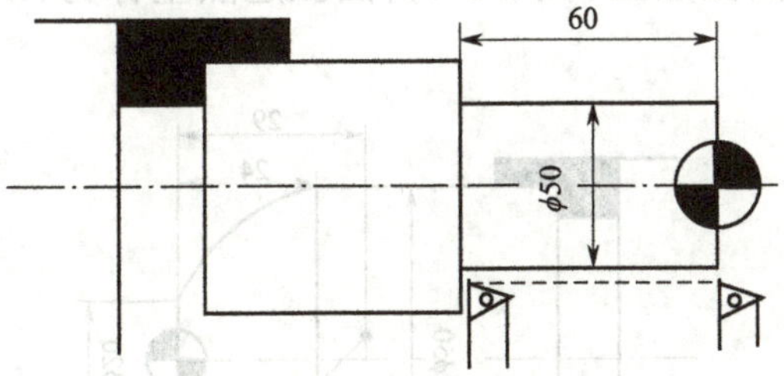

图 2-3-3　斜线插补加工(mm)

斜线插补加工程序如下。

绝对坐标编程:

G01 X60 Z-60 F0.2;

【练习 2-3-2】 用增量方式编程和绝对增量混编实现例 2-3-2 斜线插补加工。

增量方式编程:______________________

绝对增量混编:______________________

3)圆弧插补(G02、G03)

刀具沿圆弧移动的指令见表 2-3-3。

表 2-3-3 刀具沿圆弧移动的指令

项目	指定内容		指令	意义
1	顺时针圆弧插补指令		G02	加工外径圆弧:凸圆弧用 G03,凹圆弧用 G02; 加工内径圆弧:凸圆弧用 G02,凹圆弧用 G03
	逆时针圆弧插补指令		G03	
2	终点位置	绝对值	X,Z	工件坐标系的终点位置
		增量值	U,W	从始点到圆心的距离
3	从始点到圆心的距离		I,K	从圆弧始点到圆心的距离(带符号或半径值)
	圆弧的半径		R	圆弧的半径
4	进给速度		F	沿着圆弧切削的速度

指令格式:

G02(G03)X_ Z_ R_ I_ K_ F_;

G03(G02)U_ W_ R_ I_ K_ F_;

执行圆弧插补需要注意的事项:

(1)I、K(圆弧中心)也可以用半径指定;

(2)当 I、K 值均为零时,该代码可以省略;

(3)圆弧在多个象限时,该指令可连续执行;

(4)在圆弧插补程序段内不能有刀具功能指令(T);

(5)使用圆弧半径指令 R 时,指定小于 180°;

(6)I、K 和 R 同时使用时,R 被优先指定,I、K 被忽视。

【例 2-3-3】 完成圆弧加工(图 2-3-4),圆弧起点坐标为(X=20,Z=0),终点坐标为(X=50,Z=-10)。

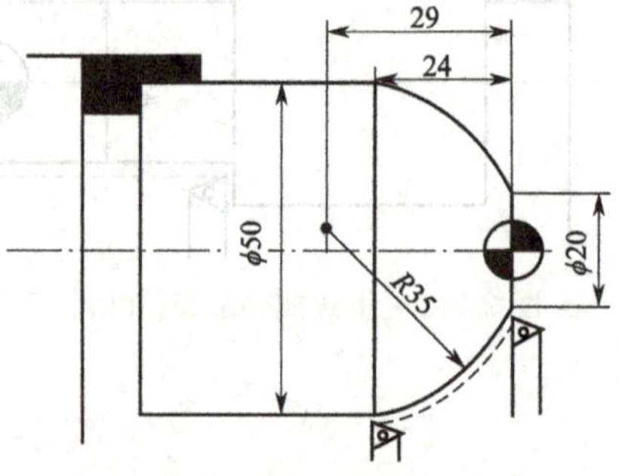

图 2-3-4 圆弧加工 1(mm)

圆弧加工指令如下。

R 指令：

G03 X50.0 Z-24.0 R35.0 F0.2；

或　G03 U30.0 W-24.0 R35.0 F0.2；

I、K 指令：

G03 X50.0 Z-24.0 I-20.0 K-29.0 F0.2；

或　G03 U30.0 W-24.0 I-20.0 K-29.0 F0.2；

【例 2-3-4】　完成圆弧加工（图 2-3-5），圆弧起点坐标为（*X*=20，*Z*=0），终点坐标为（*X*=50，*Z*=-24）。

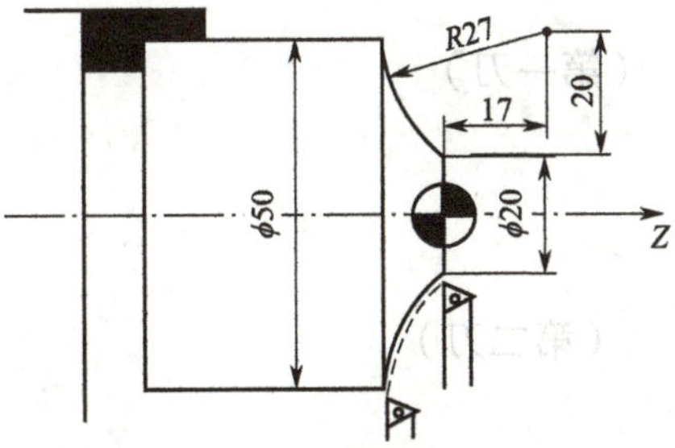

图 2-3-5　圆弧加工 2（mm）

圆弧加工指令如下。

R 指令：

G02 X50.0 Z-10.0 R27 F0.1；

或　G02 U30.0 W-10.0 R27 F0.1；

I、K 指令：

G02 X50.0 Z-10.0 I40.0 K17.0 F0.1；

或　G02 U30.0 W-10.0 I40.0 K17.0 F0.1；

4）螺纹切削指令（G32）

G32 指令能够切削圆柱螺纹、圆锥螺纹、端面螺纹（涡形螺纹）。

指令格式：

G32 X_ Z_ F_；

其中，指令中 F 指定螺纹的导程。

在使用 G32 指令加工螺纹时，应注意以下 3 个问题：

（1）螺纹切削中，进给速度倍率无效；

（2）改变主轴转速的百分率，将切出不规则的螺纹；

（3）在使用 G32 指令切削螺纹的过程中，不能执行循环暂停。

【例 2-3-5】　完成直螺纹的车削加工（图 2-3-6）。

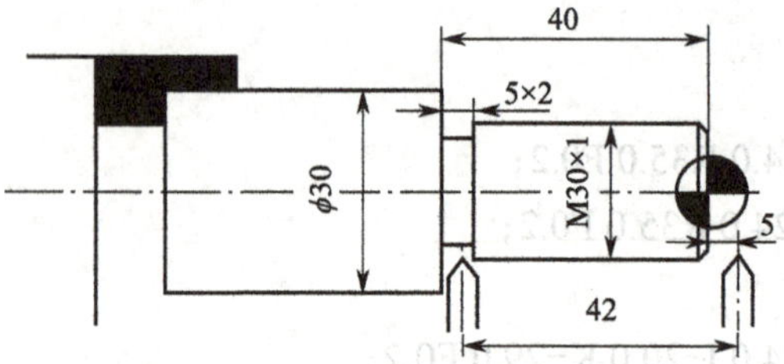

图 2-3-6 直螺纹车削加工(mm)

直螺纹车削加工指令如下。

G00 X32.0 Z5.0;
X29.3;
G32 Z–37.0 F1.0; (第一刀)
G00 X32.0;
Z5.0;
X28.7;
G32 Z–37.0 F1.0; (第二刀)
G00 X32.0;
Z100.0;

5)暂停指令(G04)

暂停指令可以使刀具进行短时间无进给的光整加工,即执行前一个程序段之后,暂停几秒之后再执行下一个程序段。G04 主要用于车削环槽、不通孔以及自动加工螺纹等场合。

指令格式:

G04 X_;
G04 U_;

例如,暂停 2.5 s 的指令为

G04 X2.5;
或 G04 U2.5;

6)自动返回参考点(G28)

自动返回参考点指令可使刀具自动返回参考点,因为参考点位置是刀具在 X 轴、Z 轴上移动的最大极限位置,所以该指令也可以用于指定自动换刀的位置。执行该指令时,应取消上一刀具位置。

指令格式:

G28 X0 Z0 T00;
或 G28 U0 W0 T00;

7)螺纹切削循环指令(G92)

使用螺纹切削循环指令可以实现螺纹的循环切削。

指令格式如下。

(1)圆柱螺纹切削指令:

G92 X(U)_ Z(W)_ F_;

其中,X(U)、Z(W)为螺纹切削终点坐标;F 为螺纹的导程。

(2)锥度螺纹切削指令:

G92 X(U)_ Z(W)_ R_ F_;

其中, X(U)、Z(W)为螺纹切削终点坐标;F 为螺纹的导程;R 为圆锥螺纹大小半径差(外锥螺纹 R 为负值)。

【例 2-3-6】 完成外锥螺纹加工(图 2-3-7)。

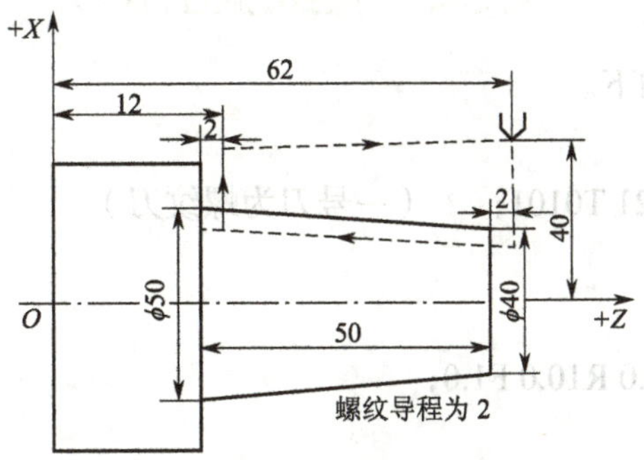

图 2-3-7 外锥螺纹加工(mm)

外锥螺纹加工程序如下。

```
O0001;
G99 G97 G40 G21 T0101;      (一号刀为螺纹刀)
M03 S800;
G00 X80.0 Z62.0 ;      (快速定位到 G92 指令循环起刀点)
G92 X49.1 Z12.0 R-5.0 F2;      (螺纹切削循环 1)
X48.5;      (螺纹切削循环 2)
X47.9;      (螺纹切削循环 3)
X47.5;      (螺纹切削循环 4)
X47.1;      (螺纹切削循环 5)
G00 X80.0 Z50.0 ;
M05;
M30;
```

注意:螺纹加工循环中的 R 值应该从螺纹加工循环起点计算。

【例 2-3-7】 完成内锥螺纹加工(图 2-3-8),小端直径 φ60 mm,大端直径 φ80 mm。

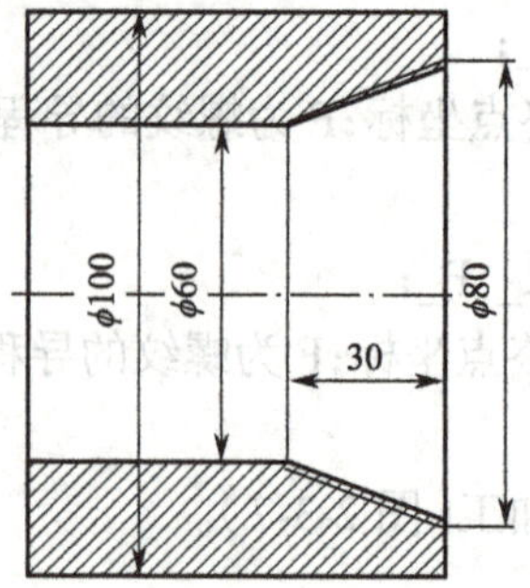

图 2-3-8 内锥螺纹加工(mm)

内锥螺纹加工程序如下。

```
O0002;
G99 G97 G40 G21 T0101;      (一号刀为螺纹刀)
M03 S800;
G00 X58.0 Z3.0;
G92 X60.0 Z-30.0 R10.0 F1.0;
X61.0 R11.0;
X61.2 R11.0;
X61.3 R11.0;
G28 U0 W0 M05;
M30;
```

8)螺纹切削复循环指令(G76)

G76 螺纹指令主要用于加工大螺距工件。

指令格式:

G76 P(m)(r)(a) Q(Δd_{min}) R(d);

G76 X(x) Z(z) R(i) P(k) Q(Δd) F(f);

其中:m 为加工重复次数(1~99);r 为倒角量;a 为刀尖角度,可以选择 80°、60°、55°、30°、29° 和 0° 中的一种;Δd_{min} 为每次切削深度(半径值);d 为精加工余量;x 为螺纹底径;z 为螺纹长度;i 为螺纹半径差;k 为螺纹深度(半径值);Δd 为第一刀切削深度(半径值);f 为螺距。

复合螺纹加工路线及进刀法如图 2-3-9 所示。

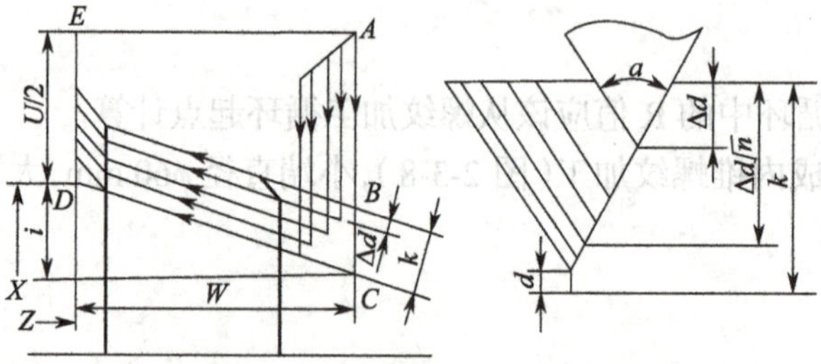

图 2-3-9 复合螺纹加工路线及进刀法

9）外径、内径粗加工循环指令（G71）

G71 指令适合棒料毛坯除去较大余量的切削，粗车后为精车留有 U 指定的精车余量（*X* 轴方向的直径值）。

如图 2-3-10 所示，刀尖从 *C* 点出发，*A* 点为循环的起始点，假定在某一段程序中指定了由 *A* → *A'* → *B* 的加工路线，并指定每次进给 *X* 轴上的进给量 *d*，数控系统将控制刀尖由 *A* 点开始按照图中箭头指示方向实现粗加工循环。

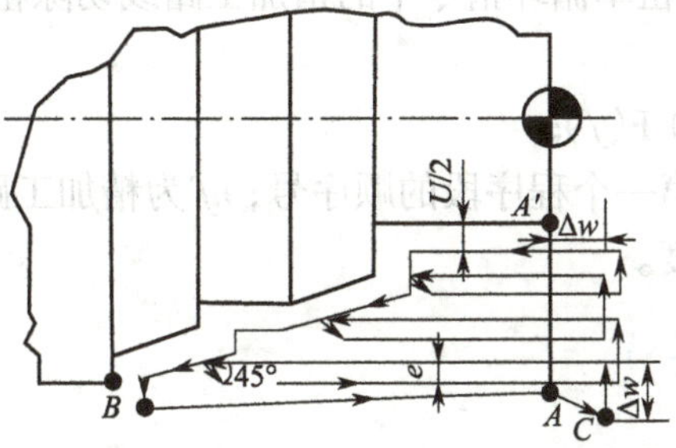

图 2-3-10　外径、内径粗加工循环

指令格式：

G71 U(Δ*d*) R(*e*);

G71 P(*ns*) Q(*nf*) U(Δ*u*) W(Δ*w*) F(*f*);

N(*ns*)……;

⋮

N(*nf*)……;

其中：Δ*d* 为每次进刀深度（半径值）；*e* 为每次切削循环退刀量；*ns* 为指定工件由 *A* 点到 *B* 点的精加工路线的第一个程序段的顺序号；*nf* 为指定工件由 *A* 点到 *B* 点的精加工路线的最后一个程序段的顺序号；Δ*u* 为 *X* 方向上的精车余量（直径值），外圆为正，内径为负；Δ*w* 为 *Z* 方向上的精车余量。

在顺序号为 N(*ns*) 和 N(*nf*) 的程序段之间，为指定工件由 *A* → *A'* → *B* 的精车加工路线代码。

10）平端面粗加工循环指令（G72）

G72 指令与 G71 指令类似，不同之处是 G72 的刀具路径按径向循环。

指令格式：

G72 W(Δ*d*) R(*e*);

G72 P(*ns*) Q(*nf*) U(Δ*u*) W(Δ*w*);

其中：Δ*d* 为每次进刀深度（沿 *Z* 轴方向每次切深）；*e* 为每次切削循环退刀量；*ns* 为精加工路线的第一个程序段的顺序号；*nf* 为精加工路线的最后一个程序段的顺序号；Δ*u* 为 *X* 方向上的精车余量（直径值）；Δ*w* 为 *Z* 方向上的精车余量。

11）固定形状粗加工循环指令（G73）

指令格式：

G73 U(Δ*d*) W(Δ*k*) R(*e*);

G73 P（ns）Q（nf）U（Δu）W（Δw）F（f）;

其中：Δd 为 X 轴上的总退刀量（半径值）；Δk 为 Z 轴上的总退刀量；e 为重复加工的次数；ns 为精加工路线的第一个程序段的顺序号；nf 为精加工路线的最后一个程序段的顺序号；Δu 为 X 方向上的精车余量（直径值）；Δw 为 Z 方向上的精车余量；f 为切削速度。

12）精车循环指令（G70）

当用 G71、G72、G73 等粗加工循环指令对工件进行粗加工之后，可以用 G70 指令完成精车循环，也就是让刀具按粗车循环指令中的精加工路线切除粗加工后留下的余量。

指令格式：

G70 P（ns）Q（nf）F（f）;

其中：ns 为精加工路线的第一个程序段的顺序号；nf 为精加工路线的最后一个程序段的顺序号；f 为精加工的切削速度。

2. 辅助功能（M 指令）

（1）程序停止（M00）。

执行完含 M00 指令的程序段之后，车床自动运行停止。模态信息被保存。按下自动循环启动按钮，车床自动运转并重新开始。M00 常用于工件加工中途检测。

（2）任选停止（M01）。

与 M00 一样，执行完 M01 指令后，车床自动运行停止，但是只有当车床操作面板上的“任选停止开关”有效时，车床才执行该功能。

（3）程序结束（M02、M30）。

M02 表示主程序结束，自动运转停止；而 M30 除了表示主程序结束，自动运转停止外，还会自动变为复位状态，光标返回到程序的开头，便于下一个程序的加工。

（4）主轴正转（M03）。

（5）主轴反转（M04）。

注意：不同的生产厂家，M03 和 M04 的设置可能不一样，在编程时应先用手动数据输入（Manual Data Input，MDI）方式运行一下，观察 M03、M04 定义的旋转方向，再编写程序。

（6）主轴停止旋转（M05）。

要使 M03 变成 M04，首先要使用 M05，使主轴停止。

（7）冷却液开（M08）。

（8）冷却液关（M09）。

（9）调用子程序（M98）。

（10）子程序结束，返回主程序（M99）。

注意：每个程序段内只允许有一个 M 指令。

3. 刀具半径补偿功能（G40、G41、G42）

1）刀具半径和假想刀尖的概念

Ⅰ. 刀尖半径

刀尖半径即车刀刀尖部分为一圆弧构成假想圆的半径值，一般车刀均有刀尖半径。在车外径或端面时,刀尖圆弧大小并不起作用;但在车倒角、锥面或圆弧时,刀尖圆弧会影响精度。因此,在编制数控车削程序时,必须考虑刀尖圆弧。

Ⅱ.假想刀尖

假想刀尖如图 2-3-11(a)所示。刀位点为该刀具的假想刀尖,相当于图 2-3-11(b)中尖头刀的刀尖点。实际上假想刀尖并不存在。

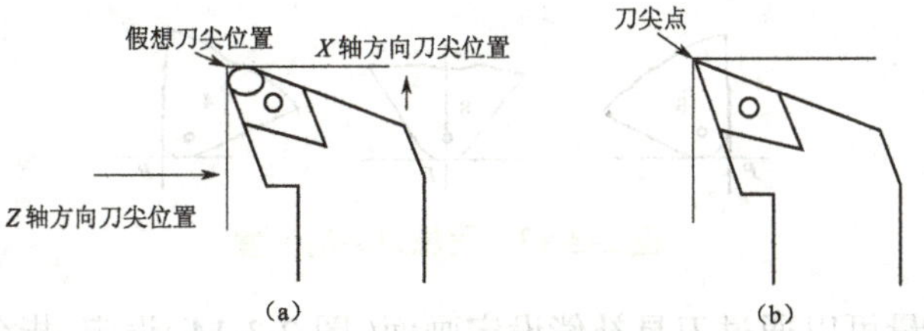

图 2-3-11　假想刀尖

(a)假想刀尖示意　(b)尖头刀的刀尖点

2)刀尖半径补偿模式的设定(G40、G41、G42)

根据刀架位置不同,分以下两种情况。

(1)如刀架在操作者的同一侧,则如图 2-3-12 所示根据刀具与零件的相对位置及刀具的运动方向选用 G41 或 G42 指令。

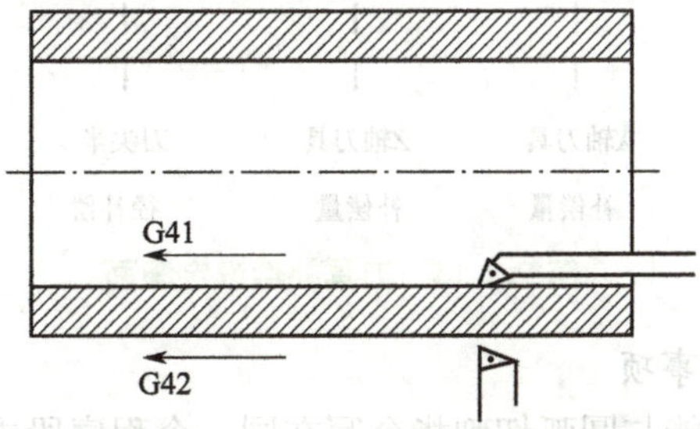

图 2-3-12　刀架在操作者的同一侧

(2)如刀架在操作者的对面位置。

① G40(解除刀具半径补偿):解除刀尖半径补偿,应写在程序开始的第一个程序段及取消刀具半径补偿的程序段。

② G41(左偏刀具半径补偿):面朝与编程路径一致的方向,如刀具在工件的左侧,则用该指令补偿。

③ G42(右偏刀具半径补偿):面朝与编程路径一致的方向,如刀具在工件的右侧,则用该指令补偿。

总之,加工外径用 G42,加工内径用 G41。

3)参数的输入

假想刀尖的位置 P 如图 2-3-13 所示。

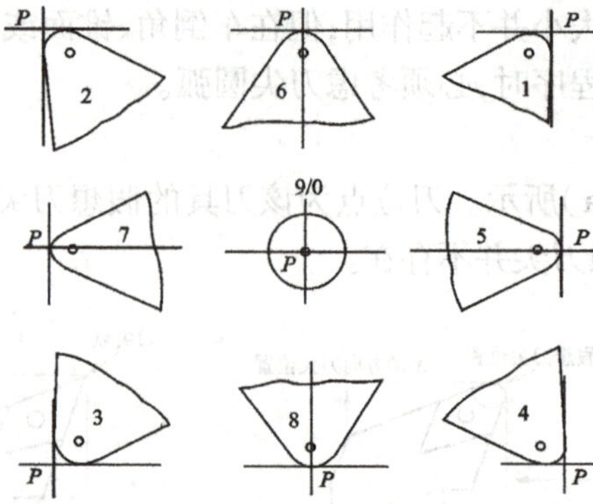

图 2-3-13 假想刀尖的位置

刀尖半径补偿量可以通过刀具补偿设定画面(图 2-3-14)设定,指令要与刀具补偿编号相对应,并且要输入假想刀尖位置序号,此时屏幕上显示图的内容。

TOOL	OFFSET			
NO	XAXIS	ZAXIS	PADIUS	TIP
01	40.500	20.000	0.600	1
02	—	—	—	—
03	13.700	16.800	0.400	2
¦	¦	¦	¦	¦
刀具补偿编号	X轴刀具补偿量	Z轴刀具补偿量	刀尖半径补偿	假想刀尖编号

图 2-3-14 刀具补偿设定画面

4)刀尖半径补偿注意事项

(1)G41、G42 指令不能与圆弧切削指令写在同一个程序段内,但可以与 G00、G01 指令写在同一个程序段内,目标点在这个程序段的下一程序段始点位置,与程序中刀具路径垂直的方向线过刀尖圆心。

(2)须用 G40 指令取消刀尖半径补偿,补偿取消点在指定程序段的前一个程序段的终点位置,与程序中刀具路径垂直的方向线过刀尖圆心。

(3)在 G74~G76、G90~G92 固定循环指令中,不用刀尖半径补偿。

4. 子程序的调用

在程序中,当某一程序反复出现(即工件上相同的切削路线重复)时,可以把这类程序作为子程序,事先存储起来,编程时调用,使程序简化。

1)调用子程序(M98)

指令格式:

M98 P_ L_;

或　　M98 P_;

其中:P 指定调用的子程序号;L 指定调用子程序的次数,当程序段中没出现 L 时,默认调用子程序 1 次。

如图 2-3-15 所示,主程序可以调用两重子程序,即主程序调用一个子程序,而子程序又可调用另一个子程序。主程序也可以重复调用子程序多次。

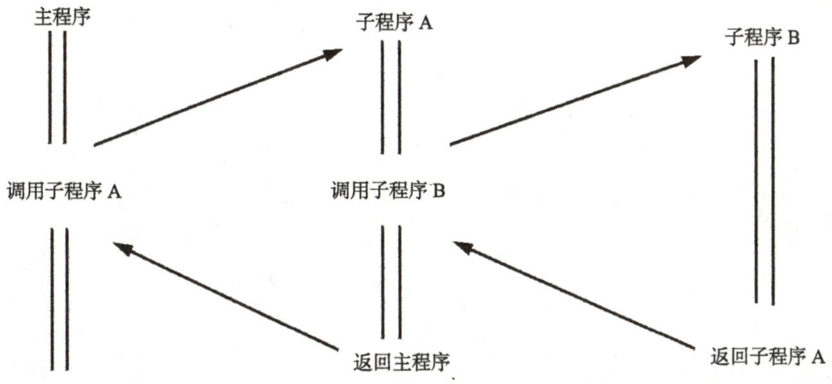

图 2-3-15　主程序调用两重子程序

2)子程序的格式

O(0~9999);　　程序名

……　　加工路径

M99;　　子程序结束,返回主程序

其中,M99 指令为子程序结束并返回主程序继续执行“M98 P_ L_;”或“M98 P_;”的下一程序段(图 2-3-16)。

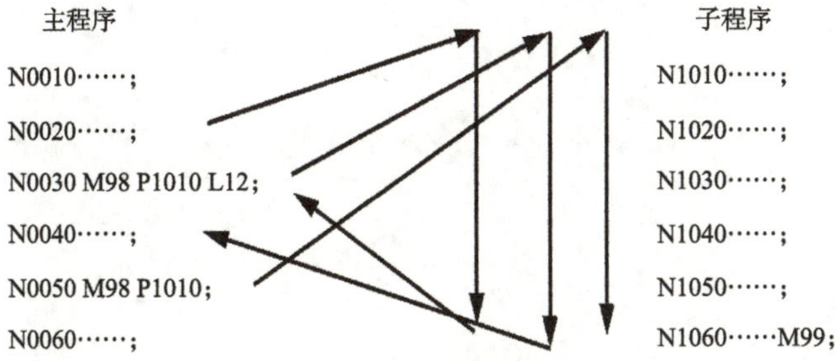

图 2-3-16　M99 指令

【扫码查看代码的讲解】

☑ 任务步骤

(1)学习 FANUC 数控系统编程代码的使用方法。

(2)完成知识链接部分的练习。

(3)完成任务的课程小结。

☑ 任务评价

任务							
系别		班级		学号		姓名	
课程小结：							
教师评价：							
得分：							

高凤林 火箭"心脏"焊接人

这些年,高凤林的名字不断出现在大型项目攻关的报道中:在国家某重点型号发射车研制中,高凤林出色地解决了一系列部组件的生产工艺难题,提高工效5倍以上;在国家一系列高新武器和"撒手锏"武器研制生产中,他多次受命攻克难关,保证了我国重点型号的顺利研制;他出色完成了亚洲最大的全箭振动试验塔的焊接攻关,修复了苏制图154飞机发动机……

的确,三十多年来,高凤林只专注于一件事——在厚度、薄度均在毫厘之间的管壁上,一次次攻克发动机喷管焊接技术难关。他被称为焊接火箭"心脏"的人。我国发射的100多枚长征系列运载火箭,都装载着他焊接的发动机。

一个焊点的宽度仅为0.16 mm、完成焊接允许的时间误差不超过0.1 s、管壁厚度仅为0.33 mm。在"长征五号"发动机的喷管上,高凤林需要经过3万多次的操作,才能将几百根空心管完美"编织"在一起。要满足这样"严苛"的标准,要求工人必须有精湛的技术,"眼睛要尖、技术要硬、功底要深厚"。

高凤林说:"岗位不同,作用不同,心中只要装着国家,什么岗位都光荣,有台前就有幕后。大国工匠,匠心筑梦,凭的是精益求精的工匠精神,追求的是民族认可的自豪感。"

项目 3　FANUC 系统数控车床操作

本项目要求学生熟悉数控车床加工原理、车床结构、数控系统操作面板上各功能键的作用、各主功能菜单的作用及选择，了解仿真软件的界面及验证程序的过程，能独立看懂图纸并制定合理的加工工艺，学习工件安装、刀具安装设置、对刀与零件的自动加工等。

任务 1　数控系统操作面板

☑ 任务内容

学习数控车床数控系统操作面板的使用。

☑ 任务目标

掌握数控系统操作面板上各功能键的作用。

☑ 任务准备

设备准备：大连机床品牌 CKA6132、CKA6150 型数控车床（系统为 FANUC-Oi 系统）。

☑ 知识链接

对于采用相同数控系统的数控车床，其操作方法基本相同。数控车床的操作面板由上下两部分组成，上半部分为数控系统操作面板，下半部分为车床操作面板。数控车床的数控系统操作面板如图 3-1-1 所示。它由 CRT 显示器和 MDI 键盘两部分组成。

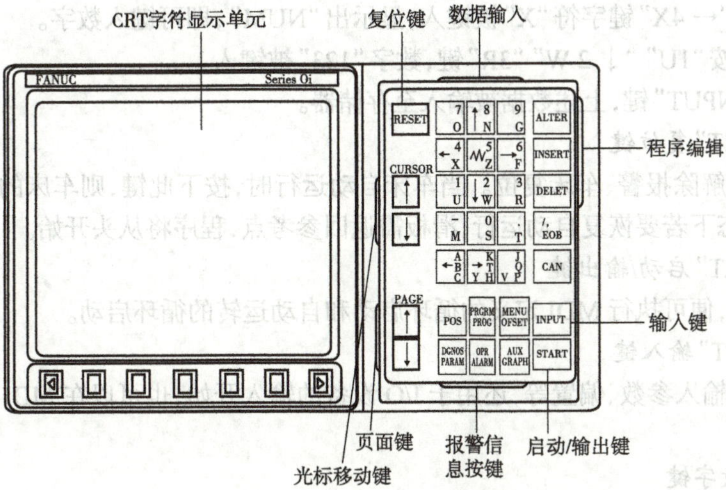

图 3-1-1　数控系统操作面板

1.CRT 显示器

CRT 显示器可以显示车床的各种参数和状态，如显示机床参考点坐标、刀具起始点坐标、输入数控系统的指令数据、刀具补偿量的数值、报警信号、自诊断结果、滑板快速移动速度、间隙补偿值等。

2.MDI 键盘

1)功能键

(1)"POS"键:显示当前机床坐标的位置。

(2)"PRGRM/PROG"键:在 EDIT 方式下，编辑、显示存储器里的程序；在 MDI 方式下，输入、显示 MDI 数据；在车床自动操作时，显示程序指令值。

(3)"MENU/OFSET"键:用于设定、显示补偿值和宏程序变量。

(4)"DGNOS/PARAM"键:用于参数的设定、显示及自诊断数据的显示。

(5)"OPR/ALARM"键:用于显示报警号和软操作面板。

(6)"AUX/GRAPH"键:用于图形的显示。

注意:按任意一个功能键和"CAN"键，显示画面都会消失，之后再按任意一个功能键，会显示相应的画面。长时间接通电源而不使用装置时，要预先清除画面，以防止画面质量下降。

2)数据输入键

数据输入键可用来输入字、数字及其他符号，每次输入的字符都显示在 CRT 显示器的倒数第二行上。

同一个键既可输入地址，也可输入数值。

如用 MDI 键盘输入 X123:

(1)选择 MDI 方式，若按"PRGRM/PROG"键，CRT 显示器底部显示"ADRS"，于是可键入地址。

(2)若按"← 4X"键字符"X"被键入；显示出"NUM"，即可键入数字。

(3)依次按"1U""↓ 2 W""3R"键，数字"123"被键入。

(4)按"INPUT"键，上述数据被输入至存储器。

3)"RESET"复位键

该键用于解除报警、车床复位。当车床自动运行时，按下此键，则车床的所有操作都停下来，在此状态下若要恢复自动运行，滑板需返回参考点，程序将从头开始。

4)"START"启动/输出键

按下此键，便可执行 MDI 定义的循环启动和自动运转的循环启动。

5)"INPUT"输入键

此键用于输入参数、偏置等，还用于 I/O 设备的输入开始，也可以在 MDI 方式下输入命令数据。

6)地址/数字键

该键用于字母、数字等文字的输入。

7）“CAN”删除键

每按“CAN”键一次，则删除已输入缓冲器的最后一个字符或符号，如当输入了 N100 后，又按下“CAN”键，则最后一个“0”被删除。

8）光标移动键（CURSOR）

“↓”键用于将光标向下移，“↑”键用于将光标向上移。

9）页面键（PAGE）

“↓”键用于向后翻页，“↑”键用于向前翻页。

10）“DELET”删除键

用该键可删除一个程序段。

11）“INSERT”插入键

用该键可插入字。

12）“ALTER”修改替换键

用该键可对字符进行修改替换。

13）“EOB”结束程序段键

在 FANUC 系统中，用分号（；）表示段号。

☑ 任务步骤

（1）学习数控车床操作难点，了解操作失误会造成多大影响，体会工作中仔细认真、一丝不苟的重要性。

（2）通过做中学、学中做、互相监督、互相学习的方式，具备熟练操作车床的能力。

☑ 任务评价

<table>
<tr><td>任务</td><td colspan="7"></td></tr>
<tr><td>系别</td><td></td><td>班级</td><td></td><td>学号</td><td></td><td>姓名</td><td></td></tr>
<tr><td colspan="8">课程小结：</td></tr>
<tr><td colspan="8">教师评价：</td></tr>
<tr><td colspan="8">得分：</td></tr>
</table>

任务 2　车床操作面板

☑ 任务内容

学习数控车床的车床操作面板的使用。

☑ 任务目标

掌握数控车床的车床操作面板上各功能键及旋钮的作用。

☑ 任务准备

设备准备：大连机床品牌 CKA6132、CKA6150 型数控车床（系统为 FANUC-Oi 系统）。

☑ 知识链接

车床操作面板如图 3-2-1 所示。

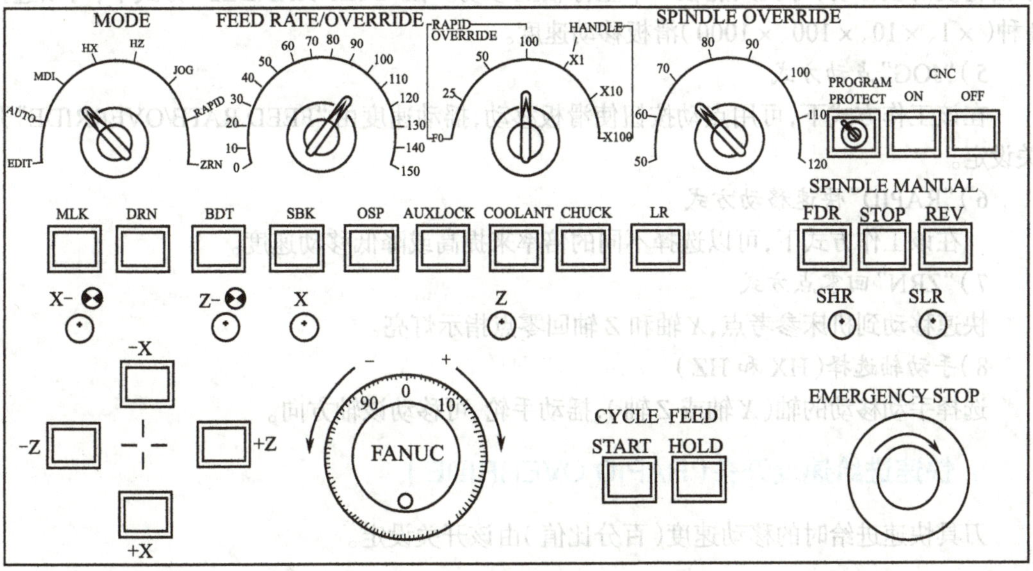

图 3-2-1　车床操作面板

下面对操作面板上各开关及按钮的功能及使用方法进行简单介绍。

1. 循环启动按钮（CYCLE START）

用于在自动方式下，启动自动运行模式。其上指示灯亮，表示处于自动运行状态。

2. 进给暂停按钮（FEED HOLD）

在自动运行状态下，暂停进给（滑板停止移动），但 M、S、T 功能仍然有效，其上指示灯亮,表示车床处于暂停进给状态,按循环启动按钮,可恢复自动运行。

3. 方式选择旋转开关(MODE)

用于选择车床的某一种工作方式,将开关旋钮旋至所要求的工作方式时,才能操作车床。

1)"AUTO"自动方式

车床执行存储器中的程序,自动加工工件。

2)"MDI"移动数据输入方式

用 MDI 键盘直接将程序段输入存储器,并立即运行,此方法为 MDI 工作方式。用 MDI 键盘将加工程序输入存储器,此方法为手动数据输入。

3)"EDIT"编辑方式

可将工件程序手动输入存储器,可以对存储器内的程序进行修改、插入和删除;输入或输出穿孔带程序。

4)"STEP/HANDLE"步进进给/手摇轮方式

开关旋钮处于此位置时,可选择移动轴,每按一次按钮,刀具移动一步的当量,或可转动手摇轮使滑板移动,每次只能在一个坐标轴上移动。在"STEP/HANDLE"方式下,可以选择4种(×1、×10、×100、×1000)滑板移动速度。

5)"JOG"点动方式

在该工作方式下,可用点动按钮使滑板移动,摇动速度由"FEED RATE/OVERRIDE"开关设定。

6)"RAPID"快速移动方式

在该工作方式下,可以选择不同的倍率来提高或降低移动速度。

7)"ZRN"回零点方式

快速移动到机床参考点,X 轴和 Z 轴回零点指示灯亮。

8)手动轴选择(HX 和 HZ)

选择手动移动的轴(X 轴或 Z 轴),摇动手轮,可移动该轴方向。

4. 快速进给速度开关(RAPID OVERRIDE)

刀具快速进给时的移动速度(百分比值)由该开关设定。

5. 单程序段按钮(SBK)

将该开关置于"ON"位置时,在自动运行方式下,系统执行一个程序段后自动停止;将该开关置于"OFF"位置时,则系统连续运行程序。

6. 跳过任意程序段按钮(BDT)

将该开关置于"ON"位置时,系统对于程序中有"/"符号的程序段进行跳过不执行,将该开关置于"OFF"位置时,"/"符号无效。

7. 空运转按钮（DRN）

将该开关置于“ON”位置时，程序中的 F 代码无效，滑板将以“进给倍率（FEED RATE）”开关指定的速度移动，同时滑板的快速移动有效；将该开关置于“OFF”位置时，F 代码有效。

8. 紧急停止按钮“EMERGENCY STOP”

当出现异常情况时，按下此按钮后，车床立即停止工作。待故障排除，需要恢复车床工作时，需按照按钮上的箭头指示方向转动，按钮即可弹起。

9. 车床锁定按钮（MLK）

将该开关置于“ON”位置时，仅滑板不能移动；将该开关置于“OFF”位置时，操作正常执行。

10. 进给速度倍率按钮（FEED RATE/OVERRIDE）

在车床自动运行时，由 F 代码指定的进给速度可以用此开关来调整，调整范围为 0%~150%，每格增量为 10%。在点动方式（JOG）下，进给速度可以在 0~1 260 mm/min 范围内调整，但是在车削螺纹时，不允许调整进给速度倍率。

11. 主轴速度倍率开关（SPINDLE OVERRIDE）

此开关用于调整主轴转速。

12. 手动主轴转向开关组合（SPINDLE MANUAL）

“FDR”为正转开关；“REV”为反转开关；“STOP”为主轴停止开关。

13. 程序保护开关（PROGRAM PROTECT）

此开关接通时，可进行加工程序的编辑、存储；此开关关断时，存储器内的程序不能改变。

14. 程序选择停止按钮（OSP）

将该开关置于“ON”位置，当程序运行到 M01 时，暂停运行，且主轴停转，冷却停止，开关指示灯亮，按下“CYCLE　START”按钮后，系统继续执行下面的程序；将该开关置于“OFF”位置，M 代码功能无效。

15. 车床冷却液启动按钮（COOLANT）

此按键可以手动对切削液进行开关。

16. 车床辅助功能锁定按钮(AUXLOCK)

此按键可以锁定常用辅助功能指令,如 M、S、T 功能指令。

☑ 任务步骤

(1)学习数控车床操作要点,了解操作失误可能造成的影响,体会工作仔细认真、一丝不苟的重要性。

(2)通过做中学、学中做、互相监督、互相学习的方式,具备熟练操作车床的能力。

☑ 任务评价

任务							
系别		班级		学号		姓名	
课程小结：							
教师评价：							
得分：							

任务 3　电源的接通与关断

☑ 任务内容

学习数控车床的正确开关机流程。

☑ 任务目标

掌握数控车床电源接通与关断的操作。

☑ 任务准备

设备准备：大连机床品牌 CKA6132、CKA6150 型数控车床（系统为 FANUC-Oi 系统）。

☑ 知识链接

1. 电源接通

（1）确认数控车床是否处于正常状态（确认前、后门是否关好）。

（2）按照数控车床厂家说明书的要求接通电源。

（3）确认电源接通后，CRT 画面是否显示正常。

（4）确认风扇电机是否转动。

注意：按“POWER ON”键时，请不要接触 CRT/MDI 操作面板上的键。在 CRT 显示出位置画面和报警画面之前，不要接触 CRT/MDI 操作面板上的键，因为有些键用于维修或特殊操作，开机时按下这些键可能会引发意外。

2. 关断电源

（1）确认操作面板上的循环启动显示灯已关闭。

（2）确认车床的可动部分已全部停止。

（3）持续按数秒“POWER OFF”键。

（4）按照数控车床厂家说明书，关断车床侧的电源。

☑ 任务步骤

（1）学习数控车床操作要点，了解操作失误可能造成的影响，体会工作仔细认真、一丝不苟的重要性。

（2）通过做中学、学中做、互相监督、互相学习的方式，具备熟练操作车床的能力。

☑ 任务评价

任务							
系别		班级		学号		姓名	
课程小结：							
教师评价：							
得分：							

任务 4　手动运转

☑ 任务内容

学习数控车床的手动返回参考点步骤、手动连续进给步骤、手动进给功能的使用。

☑ 任务目标

掌握数控车床手动运转的相关操作。

☑ 任务准备

设备准备：大连机床品牌 CKA6132、CKA6150 型数控车床（系统为 FANUC-Oi 系统）。

☑ 知识链接

1. 手动返回参考点

手动返回参考点的步骤如下：

（1）将方式选择开关置于“JOG”位置（有的车床有“ZRN”位置）；

（2）将返回参考点开关置于“ON”状态；

（3）按+X、+Z 按钮；

（4）返回参考点之后，参考点指示灯亮。

2. 手动连续进给

手动连续进给的步骤如下：

（1）将方式选择开关置于“JOG”位置；

（2）选择移动 *X*、*Z* 轴，车床按选择的轴方向移动（注意：接通电源，把方式变为“JOG”时，即使预先选择了轴，车床也不移动，需要重新选择轴）；

（3）选择点动进给速度；

（4）进行连续进给（手动连续进给时，还要按快速进给按钮“RAPID TRAVERSR”，按此按钮时或在“RAPID”方式下，刀具按照选择的方向连续快速进给）。

注意：

（1）连续进给时的速度、时间常数、加减速方式与程序指令的快速进给（G00 定位）相同；

（2）系统接通电源后，在没有返回参考点之前，即使按快速进给按钮，仍不快速进给，仍处于点动进给方式。

3. 手动进给

转动手轮,可使车床进给,具体步骤如下:

(1)将方式选择开关置于“HANDLE”位置;

(2)选择手动移动的轴(HX 或 HZ);

(3)转动手轮;

(4)选择移动量(手动移动倍率)。

移动倍率与实际移动量的对应关系见表 3-4-1。

表 3-4-1 移动倍率与实际移动量的对应关系

×1	×10	×100
0.001 mm	0.01 mm	0.1 mm

注意:如果选择 ×100 的倍率,过快地转动手轮,刀具将以接近于快速进给的速度移动,此时若突然停止,车床会发生震动;如果带有自动加工减速功能,那么用手轮进给时应打开自动加减速功能,这样会减轻车床的震动。

☑ 任务步骤

(1)学习数控车床操作要点,了解操作失误可能造成的影响,体会工作仔细认真、一丝不苟的重要性。

(2)通过做中学、学中做、互相监督、互相学习的方式,具备熟练操作车床的能力。

☑ 任务评价

<table>
<tr><td>任务</td><td colspan="7"></td></tr>
<tr><td>系别</td><td></td><td>班级</td><td></td><td>学号</td><td></td><td>姓名</td><td></td></tr>
<tr><td colspan="8">课程小结：</td></tr>
<tr><td colspan="8">教师评价：</td></tr>
<tr><td colspan="8">得分：</td></tr>
</table>

任务 5　自动操作

☑ 任务内容

学习数控车床的车床运转方式、自动运转停止的使用。

☑ 任务目标

掌握数控车床的车床自动操作的相关操作流程。

☑ 任务准备

设备准备：大连机床品牌 CKA6132、CKA6150 型数控车床（系统为 FANUC-Oi 系统）。

☑ 知识链接

1. 车床运转方式

1）存储器运行

存储器运行步骤如下：

（1）预先将程序存入存储器；

（2）选择要运行的程序；

（3）将方式选择开关置于“AUTO”位置；

（4）按循环启动按钮（CYCLE START），系统开始自动运行，循环启动灯亮。

2）MDI 运转

在 CRT/MDI 操作面板上，输入一个程序段的指令并执行该程序段。例如，执行程序“X10.5　W200.5”，步骤如下：

（1）将方式选择开关置于“MDI”位置；

（2）按“PRGRM/PROG”键；

（3）按 PAGE 按钮，使画面的左上角显示“MDI”；

（4）按数据输入键，键入“X10.5”；

（5）按“INPUT”键，X10.5 数据被输入并显示，在按“INPUT”键之前，如果发现键入的数据有误，按“CAN”键，可以重新键入正确的数据；

（6）键入“W200.5”；

（7）按“INPUT”键，W200.5 数据被输入并显示；

（8）可在按“START”键或车床操作面板上的启动按钮之前修改程序，如用“CAN”键将“X10.5　W200.5”变成“X10.5”，之后按“INPUT”→“START”键或操作面板上的循环启动按钮。

2. 自动运行的停止

停止自动运行的方法有:预先在程序中需要停止的地方输入停止指令(M00、M01、M02、M30),还可以按操作面板上的按钮(如进给暂停、复位)停止。

1)程序停止(M00)

程序中执行M00指令后,系统自动运行暂停,此时各模态信息、寄存状态与单段运行时相同;按下循环启动按钮,系统从下一程序段开始重新自动运行。

2)任选停止(M01)

与M00相同,系统执行含有M01指令的程序之后,自动运行停止。但M01指令的执行要求车床操作面板上必须有“任选停机开关”且该开关处于接通位置。

3)程序结束(M02、M30)

M02、M30指令的意义见前文。

4)进给暂停

程序运行时,按车床操作面板上的“进给暂停”按钮,可使自动运行暂时停止,此时进给暂停指示灯亮,而循环启动指示灯灭。

5)复位

如在系统自动运行状态下按下MDI键盘上的复位(RESET)按钮,或输入外部复位信号,移动中的坐标轴将减速,然后停止,系统处于复位状态。

☑ 任务步骤

(1)学习数控车床操作要点,了解操作失误可能造成的影响,体会工作仔细认真、一丝不苟的重要性。

(2)通过做中学、学中做、互相监督、互相学习的方式,具备熟练操作车床的能力。

☑ 任务评价

<table>
<tr><td>任务</td><td colspan="7"></td></tr>
<tr><td>系别</td><td></td><td>班级</td><td></td><td>学号</td><td></td><td>姓名</td><td></td></tr>
<tr><td colspan="8">课程小结：</td></tr>
<tr><td colspan="8">教师评价：</td></tr>
<tr><td colspan="8">得分：</td></tr>
</table>

任务 6　试运行

☑ 任务内容

学习数控车床的车床锁定、辅助功能锁住、空运转、进给速度倍率、快速进给倍率功能的使用。

☑ 任务目标

掌握数控车床试运行相关操作的操作流程。

☑ 任务准备

设备准备:大连机床品牌 CKA6132、CKA6150 型数控车床(系统为 FANUC-Oi 系统)。

☑ 知识链接

1. 车床锁定(MLK)

当车床操作面板上车床锁定开关接通,自动运行加工程序时,车床刀架并不移动,只是在 CRT 上虚拟显示各轴的移动位置。该功能可用于加工程序的检查。

注意:此时即使运行指令 G27、G28,车床也不返回参考点,返回参考点的指示灯不亮。

2. 辅助功能锁住(AUXLOCK)

打开车床操作面板上的辅助功能锁住开关后,程序中的 M、S、T 代码指令被锁住,不被执行。该功能与车床锁定一起,用于程序检测。

注意:此时 M00、M01、M02、M30、M98、M99 可正常执行。

3. 空运转(DRN)

空运转指不装工件,在自动运行状态下运行加工程序,车床空跑。在空运转状态下,程序指定的进给速度无效,按参数设定运行。

4. 进给速度倍率

用进给速度倍率开关,可以选择程序指定的进给速度的百分比,以改变进给速度。根据刻度,可设置 0%~150%的倍率。

注意:

(1)有些车床的进给速度倍率开关和点动进给速度开关是通用的;

(2)在螺纹切削中,此开关无效,进给倍率始终为 100%。

5. 快速进给倍率

可以用该功能将快进给速度的倍率调至100%、50%、25%或F0值,该功能用于下列情况:

(1)由G00指令控制的快速进给;

(2)固定循环中的快速进给;

(3)由G27、G28指令控制的快速进给;

(4)手动快速进给;

(5)手动返回参考点的快速进给。

☑ 任务步骤

(1)学习数控车床操作要点,了解操作失误可能造成的影响,体会工作仔细认真、一丝不苟的重要性。

(2)通过做中学、学中做、互相监督、互相学习的方式,具备熟练操作车床的能力。

☑ 任务评价

<table>
<tr><td>任务</td><td colspan="7"></td></tr>
<tr><td>系别</td><td></td><td>班级</td><td></td><td>学号</td><td></td><td>姓名</td><td></td></tr>
<tr><td colspan="8">课程小结：</td></tr>
<tr><td colspan="8">教师评价：</td></tr>
<tr><td colspan="8">得分：</td></tr>
</table>

任务 7　安全保护功能

☑ 任务内容

学习数控车床的车床紧急停止、超程的使用。

☑ 任务目标

掌握数控车床的车床安全保护功能及车床运行超程的解除等。

☑ 任务准备

设备准备：大连机床品牌 CKA6132、CKA6150 型数控车床(系统为 FANUC-Oi 系统)。

☑ 知识链接

1. 紧急停止

按下车床操作面板上的紧急停止按钮，车床立即停止运行。紧急停止按钮被按下后，车床即被锁住。解除方法：旋转紧急停止按钮。

注意：紧急停止会切断电机的电源；在解除紧急停止前，应排除所有不正常因素。

2. 超程

超程指刀具超越了车床限位开关限定的行程范围或者进入由参数指令确定的禁止区域，此时 CRT 显示器显示“超程”报警，且刀具减速停止。解除超程时，需用手动方式将刀具移向安全的方向，然后按复位按钮解除报警。

【扫码查看车床操作面板的讲解】

☑ 任务步骤

(1)学习数控车床操作要点，了解操作失误可能造成的影响，体会工作仔细认真、一丝不苟的重要性。

(2)通过做中学、学中做、互相监督、互相学习的方式，具备熟练操作车床的能力。

☑ 任务评价

<table>
<tr><td>任务</td><td colspan="7"></td></tr>
<tr><td>系别</td><td></td><td>班级</td><td></td><td>学号</td><td></td><td>姓名</td><td></td></tr>
<tr><td colspan="8">课程小结：</td></tr>
<tr><td colspan="8">教师评价：</td></tr>
<tr><td colspan="8">得分：</td></tr>
</table>

任务 8　输入程序、寻找程序和编辑程序

☑ 任务内容

学习数控车床输入程序、寻找程序、编辑程序的方法。

☑ 任务目标

掌握程序输入、程序校验及程序加工操作。

☑ 任务准备

设备准备：大连机床品牌 CKA6132、CKA6150 型数控车床（系统为 FANUC-Oi 系统）。

☑ 知识链接

1. 输入程序

以将下列程序输入系统存储器为例进行介绍。

```
O0111;
G50 S1000;
N1;
G00 G40 G97 G99 S800 T0101 M03 F0.1;
X40.0 Z1.0;
G01 Z-20.0 F0.15;
G00 X50.0;
  ⋮
```

输入程序的具体步骤如下。

（1）将模式开关选为编辑“EDIT”状态。

（2）按“PRGRM/PROG”键出现 PROGRAM 画面。

（3）将程序保护开关置于无效（OFF）位置。

（4）在数控操作面板上依次输入下面内容。

```
O0111 EOB INSERT
G50 S1000 EOB INSERT
N1 EOB INSERT
G00 G40 G97 G99 S1000 T11 M03 F0.1 EOB INSERT
X40.0 Z1.0 EOB INSERT
G01 Z-20.0 F0.15 EOB INSERT
G00 X50.0 EOB INSERT
```

⋮

M30 EOB INSERT

注意:“EOB”为 END OF BLOCK 的字首缩写,意为程序句结束。

(5)将保护开关置于有效(ON)位置,以保护所输入的程序。

(6)按“RESET”键,光标返回程序的起始位置。

2. 寻找程序

寻找程序的具体步骤如下。

(1)将模式选择开关选为编辑“EDIT”。

(2)按“PRGRM/PROG”键,出现 PROGRAM 画面。

(3)输入想调出的程序的程序号(如 O0010)。

(4)将程序保护开关置于无效(OFF)位置。

(5)按“CURSOR ↓”键或检索按键,即可调出相关程序。

3. 编辑程序

编辑程序时,应将模式选择开关选为编辑(EDIT);按“PRGRM/PROG”键,出现 PROGRAM 画面;将程序保护开关置为无效(OFF)位置。具体步骤如下。

1)返回当前程序起始语句

按“RESET”键,使光标回到程序的最前端。

2)寻找局部程序序号(如 N3)

(1)按“RESET”键,光标回到程序号所在的地方(如 O0001)。

(2)输入想调出的局部程序序号(如 N3)。

(3)按“CURSOR ↓”键,光标即移至 N3 所在的位置。

3)按字及其他地址的寻找(如 X50.0 或 F0.1)

(1)输入所需调出的字(X50.0)或命令符(F0.1)。

(2)以当前光标位置为准,向前面程序寻找,按“CURSOR ↑”键;向后面程序寻找,按“CURSOR ↓”键。光标出现在所搜寻的字或命令符第一次出现的位置。

注意:找不到要寻找的字或命令时,CRT 显示器上会出现 ALARM P/S 71 号警报。

4)字的修改

例如,将 Z1.0 改为 Z1.5。

(1)将光标移到 Z1.0 的位置;

(2)输入改变后的字“Z1.5”;

(3)将程序保护开关置于无效(OFF)位置;

(4)按“ALTER”键,替换字;

(5)将程序保护开关置于有效(ON)位置。

5)删除一个程序段

例如,删除以下程序段的代码:

O0100;

G50 S1000;

N1;

G00 G40 G97 G99 S600 T0101 M03 F0.1;

（1）将光标移至要删除的程序段的第一个字 G50 的位置。

（2）按“EOB”键。

（3）将程序保护开关置于无效（OFF）位置。

（4）按“DELET”键，即删除整个程序段。

（5）将程序保护开关置于有效（ON）位置。

6）删除字

例如，删除代码“G00 G97 G99 X30.0 S1000 T0101 M03 F0.1;”中的“X30.0”。

（1）将光标移至 X30.0 位置。

（2）将程序保护开关置于无效（OFF）位置。

（3）按“DELET”键，删除字“X30.0”，删除后光标将自动移到 S1000 的位置。

（4）将程序保护开关置于有效（ON）位置。

7）插入字

例如，在代码“G00 G97 G99 S1000 T0101 M03 F0.1; ”中加入“G40”，即将代码改为“G00 G40 G97 G99 S1000 T0101 M03 F0.1;”。

（1）将光标移动至要插入字的前一个字的位置（G00）。

（2）输入要插入的字（G40）。

（3）将程序保护开关置于无效（OFF）位置。

（4）按“INSERT”键。

（5）将程序保护开关置于有效（ON）位置。

注意：EOB 也是一个字，也可插入程序段。

8）删除程序

例如：删除“O1234”。

（1）将模式选择开关选择“EDIT”状态。

（2）按“PRGRM/PROG”键。

（3）输入要删除的程序号（O1234）。

（4）确认是否为要删除的程序。

（5）将程序保护开关置于无效（OFF）位置。

（6）按“DELET”键，该程序即被删除。

【扫码查看程序输入、车床模拟、工件加工】　【扫码查看数控车床编程及加工步骤】

☑ 任务步骤

(1)学习数控车床操作要点,了解操作失误可能造成的影响,体会工作仔细认真、一丝不苟的重要性。

(2)通过做中学、学中做、互相监督、互相学习的方式,具备熟练操作车床的能力。

☑ 任务评价

<table>
<tr><td>任务</td><td colspan="7"></td></tr>
<tr><td>系别</td><td></td><td>班级</td><td></td><td>学号</td><td></td><td>姓名</td><td></td></tr>
<tr><td colspan="8">课程小结：</td></tr>
<tr><td colspan="8">教师评价：</td></tr>
<tr><td colspan="8">得分：</td></tr>
</table>

任务 9　刀具补偿

☑ 任务内容

学习数控车床刀具几何补偿方法的使用。

☑ 任务目标

熟练掌握对刀及建立刀具补偿的方法。

☑ 任务准备

设备准备：大连机床品牌 CKA6132、CKA6150 型数控车床（系统为 FANUC-Oi 系统）。

☑ 知识链接

1. 刀具几何补偿的方法

（1）移动刀具使其在 X、Z 轴回归参考点，确认回归指示灯亮。

（2）将选择开关选择为手动进给。

（3）按“OFFST”键，CRT 显示器出现 OFFSET/GEOMETRY 画面。

（4）用选择开关选择所需刀具或在 MDI 方式下调用所需刀具。

（5）移动刀具使其靠近工件右端面，并平整端面，且不要移动 Z 轴。

（6）移动光标至与之相对应的刀具几何补偿号，并输入 Z 轴坐标值（负值）或输入 MZ0。

（7）移动刀具，车一刀工件外圆或内孔，“见亮”（工件轻微被切削）就可以，且记下 X 轴坐标值，测量工件外圆直径或孔径，然后把 X 轴坐标值（在综合坐标中机械坐标 X 轴坐标值，即负值）与工件外圆值（负值）之和输入补偿 X 的位置，或先输入 X 轴坐标值（在综合坐标中机械坐标 X 轴坐标值，即负值），再输入 U 值（工件外径值或内径值即负值），或直接输入 MX D（工件外径值或内径值）。

（8）对其他所需用刀具的补偿步骤，与第一把刀具类似，但不要切削，只要轻轻地靠一下端面或工件外圆即可，其输入数据的方法与补偿第一把刀时一样。

（9）确认各刀具的刀尖圆弧半径，并输入数据库中相对应的刀具补偿号。

（10）确认刀具的刀尖圆弧假想位置编号，如右偏外圆刀是 3、镗孔刀是 2。

2. 刀具磨损补偿的方法

（1）按“OFFSET”键后，按“PAGE ↓”键，使 CRT 显示器出现“OFFSET/WEAR”画面。

（2）将光标移至需进行磨损补偿的刀具补偿号位置。

如测量用 T22 刀具加工的工件外圆直径为 ϕ45.03 mm，长度为 20.05 mm，而规定直径

为 ϕ45 mm，长度为 20 mm。实测值直径比要求值大 0.03 mm，长度大 0.05 mm，应进行磨损补偿，步骤如下：将光标移至 W02，键入“U-0.03”后按“INPUT”键，键入“W-0.05”后按“INPUT”键，X 值在以前值的基础上加-0.03 mm，Z 值在以前值的基础上加-0.05 mm。

又如，测量用 T33 刀具加工的工件内径为 ϕ40.0 mm，长度为 20.05 mm，而规定内径为 ϕ40.03 mm，长度为 20 mm。实测值内径比要求值小 0.03 mm，长度大 0.05 mm，应进行磨损补偿，步骤如下：将光标移至 W03，键入“U0.03”后按“INPUT”键，键入“W-0.05”后按“INPUT”键，X 值在以前值的基础上加 0.03 mm，Z 值在以前值的基础上加-0.05 mm。

【扫描查看万变不离其“心”——数控车床的对刀】

☑ 任务步骤

（1）学习数控车床操作要点，了解操作失误可能造成的影响，体会工作仔细认真、一丝不苟的重要性。

（2）通过做中学、学中做、互相监督、互相学习的方式，具备熟练操作车床的能力。

☑ 任务评价

任务							
系别		班级		学号		姓名	
课程小结：							
教师评价：							
得分：							

工艺美术师孟剑锋

孟剑锋是北京工美集团的一名錾刻工艺师,他用纯银精雕细琢錾刻的“和美”纯银丝巾,在2014年北京APEC会议上,作为国礼之一赠送给外国领导人及夫人。从业二十多年来,他追求极致,对作品负责,对口碑负责,对自己的良心负责,将诚实劳动内化于心,这是大国工匠的立身之本,也是中国制造的品质保障。

纯手工国礼 出自我手

北京APEC会议上送给外国领导人和夫人的国礼中有一件看起来是草藤编织的银质果盘,里面有一条柔软的银色丝巾,丝巾上的图案清晰自然,赏心悦目。为了分别做出果盘的粗糙感和丝巾的光感,孟剑锋反复琢磨、试验,亲手制作了近30把錾子,最小的一把在放大镜下做了5天。

追求极致 超越自我

追求极致,这是孟剑锋给自己定的标准。支撑果盘还需要4个中国结作为托儿,工艺标准并没有规定,但它们必须是手工加工。技师们原准备用机械铸造出来,再焊接到果盘上,但是铸造出来的银丝上有砂眼,尽管极其微小,但孟剑锋心里怎么也过不去这道坎。在他心目中,没有瑕疵,并且是纯手工的作品才配得上作国礼。

如今,已经是国家高级工艺美术技师的孟剑锋对自己还有更高的要求,他觉得要干好工艺美术这行还应该懂绘画,所以现在一有时间他就和爱人一起出去写生、练素描。孟剑锋说,总有一天,他会拿出一个像样的绘画作品,就像做錾刻那样,他就是要超越自己,追求极致。

项目 4　加工循环指令实训

本项目通过对任务的学习，了解粗车直线插补循环指令的代码要求，并在熟知代码的基础上进行简单编程。编程过程中可以使学生具备独立分析图纸、制定加工方案、编写工艺过程工艺卡片的能力，其间学生也可以练习正确使用游标卡尺、内外径千分尺及螺纹通止规的方法等。

任务 1　直线插补的运用

☑ 任务内容

完成图 4-1-1 所示零件的加工。

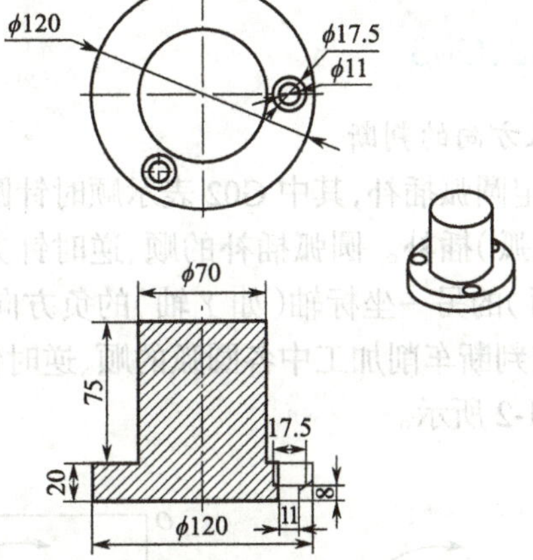

图 4-1-1　冲压模具模柄零件(mm)

☑ 任务目标

(1)掌握 G71 外圆粗车循环指令的相关知识。
(2)了解各代码的作用。
(3)掌握余量的选择和刀具之间的关系。

☑ 任务准备

(1)知识准备：对外圆粗车加工方法、切削外圆的加工指令、粗车循环加工等进行预习。
(2)工具准备：装夹量具。

☑ 知识链接

1. 快速点定位指令 G00

编程格式:

G00 X(U)_ Z(W)_;

编程说明:G00 指令是命令刀具以点定位控制方式从刀具所在点快速运动到目标位置的指令,用于快速定位,没有运动轨迹要求。G00 指令是模态指令。在执行 G00 时,刀具实际的运动路线不一定是两点一线,而有可能是折线,所以在使用 G00 指令时,要注意刀具是否和工件及夹具发生干涉,以免发生意外。进给速度对 G00 无效。

2. 直线插补指令 G01

编程格式:

G01 X(U)_ Z(W)_ F_;

编程说明:G01 指令是命令刀具按指定的进给速度沿直线运动到指定位置的指令。G01 指令是模态指令。程序中第一次出现 G01 指令时,必须设定进给速度 F。

3. 圆弧插补指令 G02、G03

1)顺时针与逆时针圆弧方向的判断

G02、G03 指令用于指定圆弧插补,其中 G02 表示顺时针圆弧(简称顺圆弧)插补,G03 表示逆时针圆弧(简称逆圆弧)插补。圆弧插补的顺、逆时针方向的判断方法:向着垂直于圆弧所在平面(如 *ZOX* 平面)的另一坐标轴(如 *Y* 轴)的负方向看,顺时针方向圆弧为 G02,逆时针方向圆弧为 G03。在判断车削加工中各圆弧的顺、逆时针方向时,一定要注意刀架的位置及 *Y* 轴的方向,如图 4-1-2 所示。

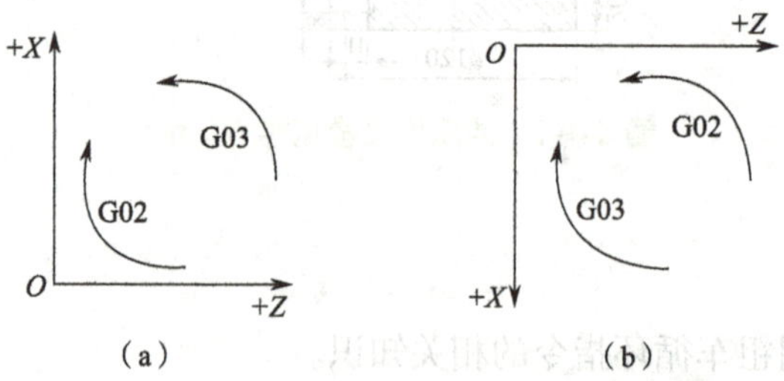

图 4-1-2 顺时针与逆时针圆弧方向判断

(a)后置刀架,*Y* 轴向上 (b)前置刀架,*Y* 轴向下

编程格式如下。

(1)编程格式一:

G02 X(U)_ Z(W)_ R_ F_;

G03 X(U)_ Z(W)_ R_ F_;

(2)编程格式二:

G02 X(U)_ Z(W)_ I_ K_ F_;

G03 X(U)_ Z(W)_ I_ K_ F_;

编程说明如下。

(1)X(U)、Z(W)为圆弧终点坐标。

(2)I、K 分别为圆心相对圆弧起点的增量坐标，即 I 表示圆心坐标 *X*(圆弧起点的 *X* 轴坐标)，K 表示圆心坐标 Z(圆弧起点的 Z 轴坐标)；不管用绝对方式还是增量方式编程，都是以增量方式指定；在直径、半径编程时 I 都是半径值。

(3)R 为圆弧半径，有正值与负值之分。当圆弧圆心角小于或等于 180° 时，程序中的 R 用正值表示，反之则用负值表示，通常情况下，数控车床所加工圆弧的圆心角一般小于 180°。

(4)F 为进给速度。

4. 粗车循环指令 G71 和 G72

G71 指令适合棒料毛坯除去较大余量的切削，粗车后为精车留有 U(直径值)的精车余量。G72 指令与 G71 指令的区别仅在于 G72 循环指令的切削方向平行于 *X* 轴。粗加工时，G71 指令代码中的 F、S、T 指令有效，而精加工时处于 ns~nf 程序段之间的 F、S、T 指令有效。

加工图 4-1-3 所示零件。

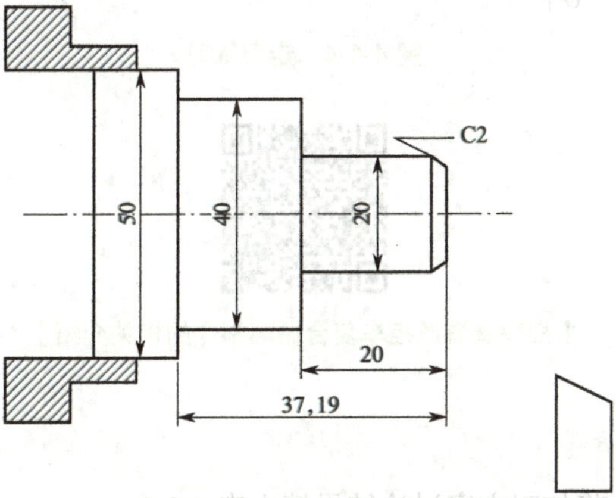

图 4-1-1　阶梯轴零件图(mm)

零件加工程序如下。

```
O0001;
G99 G97 G40 G21 T0101;    (一号刀具，一号刀具补偿)
M03 S800;    (车床开转，800 r/min)
G00 X52 Z2;    (快速移到安全位置)
G71 U1 R0.5;    (外圆粗车指令循环)
G71 P10 Q20 U0.3 W0.2 F0.1;
N10 G00 X16;
G01 Z0 F0.2;
X20 Z-2;
```

```
Z-20;
X40;
Z-37.19;
X52;
N20 G0 Z2;
G00 X100 Z100;
M05;
M30;    （程序结束）
```

【练习 4-1-1】 完成图 4-1-4 所示走刀练习。

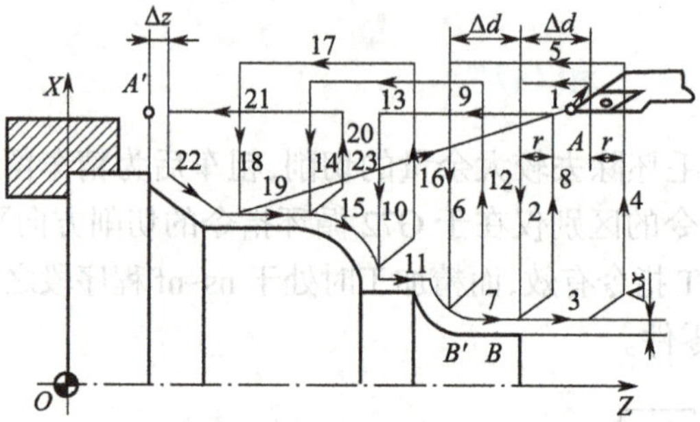

图 4-1-4 走刀练习

【扫码查看数控车复合循环指令的相关介绍】

☑ 任务步骤

（1）学生分组讨论，将加工方案讨论结果填入表 4-1-1。

（2）确定工件坐标系及坐标方向。

（3）编写走刀路线。

（4）编制加工程序，填入表 4-1-2。

（5）将编好的程序输入数控车床，并对编写的程序进行模拟校验。

（6）对工件进行实际加工。

（7）填写机械加工工艺过程卡（表 4-1-3）、机械加工工序卡（表 4-1-4）、数控加工程序单（表 4-1-5）。

表 4-1-1　加工方案讨论结果

组别	加工方案（本组同学商讨方案）	加工方案优缺点（各组互评）

表 4-1-2　加工程序

程序	程序说明

表 4-1-3　机械加工工艺过程卡

零件名称	传动轴	机械加工工艺过程卡	毛坯种类		共　页
			材料		第　页
工序号	工序名称	工序内容		设备	工艺装备

编制		日期		审核		日期	

表 4-1-4 机械加工工序卡

零件名称		机械加工工序卡		工序号		工序名称		共 页 第 页
材料		毛坯状态		车床设备		夹具		
简述：								

工步号	工步内容	刀具规格	刀具材料	量具	背吃刀量	进给量（mm/min）	主轴转速（r/min）

编制		日期		审核		日期	

表 4-1-5　数控加工程序单

<table>
<tr><td colspan="2" rowspan="2">数控加工程序单</td><td>产品名称</td><td></td><td>零件名称</td><td></td><td>共　页</td></tr>
<tr><td>工序号</td><td></td><td>工序名称</td><td></td><td>第　页</td></tr>
<tr><td>序号</td><td>程序编号</td><td>工序内容</td><td>刀具</td><td>切削深度
（相对最高点）</td><td colspan="2">备注</td></tr>
<tr><td></td><td></td><td></td><td></td><td></td><td colspan="2"></td></tr>
<tr><td></td><td></td><td></td><td></td><td></td><td colspan="2"></td></tr>
<tr><td></td><td></td><td></td><td></td><td></td><td colspan="2"></td></tr>
<tr><td></td><td></td><td></td><td></td><td></td><td colspan="2"></td></tr>
<tr><td></td><td></td><td></td><td></td><td></td><td colspan="2"></td></tr>
<tr><td></td><td></td><td></td><td></td><td></td><td colspan="2"></td></tr>
<tr><td></td><td></td><td></td><td></td><td></td><td colspan="2"></td></tr>
<tr><td colspan="4">装夹示意图：</td><td colspan="3">装夹说明：</td></tr>
<tr><td colspan="2">编程/日期</td><td></td><td>审核/日期</td><td></td><td colspan="2"></td></tr>
</table>

☑ 任务评价

任务							
系别		班级		学号		姓名	
课程小结：							
教师评价：							
得分：							

任务 2　圆弧插补的运用

☑ 任务内容

完成图 4-2-1 所示零件的加工。

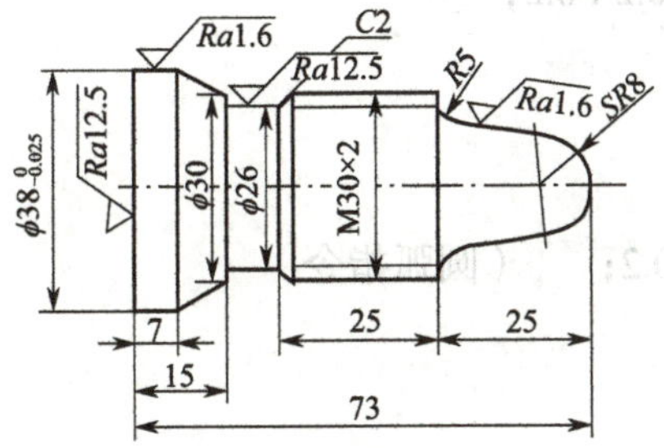

图 4-2-1　配合件零件图(mm)

☑ 任务目标

(1)掌握 G71 粗车圆弧插补循环指令的相关知识。

(2)了解各代码的作用。

(3)掌握余量的选择和刀具之间的关系。

☑ 任务准备

(1)知识准备:对外圆粗车圆弧加工方法、切削外圆圆弧部分的加工指令、粗车圆弧部分循环加工等进行预习。

(2)工具准备:装夹量具。

☑ 知识链接

以加工图 4-2-2 所示零件的程序为例对圆弧插补进行介绍。

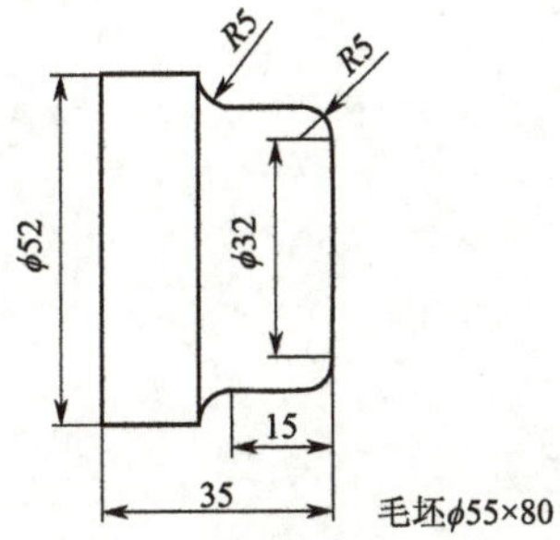

图 4-2-2　凸模零件图(mm)

具体加工程序如下。

```
O0002;
G99 G97 G40 G21 T0101;      (一号刀具,一号刀具补偿)
M03 S800;     (车床开转,800 r/min)
G00 X56 Z5;
G71 U1 R0.5;      (外圆粗车指令循环)
G71 P1 Q2 U0.3 W0.2 F0.2;
N1 G00 X0;
G01 Z0 F0.2;
X32;
G03 X42 Z-5 R5 F0.2;      (圆弧指令)
G01 Z-15;
G02 X52 Z-35 R5;
G01 Z-35;
X56;
N2 G00 Z5;      (精车指令循环)
G00 X100 Z100;
M05;
M30;     (程序结束)
```

☑ 任务步骤

(1)学生分组讨论,将加工方案讨论结果填入表4-2-1。

(2)确定工件坐标系及坐标方向。

(3)编写走刀路线。

(4)编制加工程序,填入表4-2-2。

(5)将编好的程序输入数控车床,并对编写的程序进行模拟校验。

(6)对工件进行实际加工。

(7)填写机械加工工艺过程卡(表4-2-3)、机械加工工序卡(表4-2-4)、数控加工程序单(表4-2-5)。

表 4-2-1　加工方案讨论结果

组别	加工方案（本组同学商讨方案）	加工方案优缺点（各组互评）

表 4-2-2　加工程序

程序	程序说明

表 4-2-3　机械加工工艺过程卡

零件名称	配合件	机械加工工艺过程卡	毛坯种类		共　页
			材料		第　页
工序号	工序名称	工序内容		设备	工艺装备

编制		日期		审核		日期	

表 4-2-4　机械加工工序卡

<table>
<tr><td rowspan="2">零件名称</td><td rowspan="2"></td><td rowspan="2" colspan="2">机械加工工序卡</td><td rowspan="2">工序号</td><td rowspan="2" colspan="2"></td><td rowspan="2">工序名称</td><td rowspan="2"></td><td>共　页</td></tr>
<tr><td>第　页</td></tr>
<tr><td>材料</td><td></td><td>毛坯状态</td><td></td><td>车床设备</td><td colspan="2"></td><td>夹具</td><td colspan="2"></td></tr>
<tr><td colspan="10">简述：</td></tr>
<tr><td>工步号</td><td colspan="3">工步内容</td><td>刀具规格</td><td>刀具材料</td><td>量具</td><td>背吃刀量</td><td>进给量（mm/min）</td><td>主轴转速（r/min）</td></tr>
<tr><td></td><td colspan="3"></td><td></td><td></td><td></td><td></td><td></td><td></td></tr>
<tr><td></td><td colspan="3"></td><td></td><td></td><td></td><td></td><td></td><td></td></tr>
<tr><td></td><td colspan="3"></td><td></td><td></td><td></td><td></td><td></td><td></td></tr>
<tr><td></td><td colspan="3"></td><td></td><td></td><td></td><td></td><td></td><td></td></tr>
<tr><td></td><td colspan="3"></td><td></td><td></td><td></td><td></td><td></td><td></td></tr>
<tr><td></td><td colspan="3"></td><td></td><td></td><td></td><td></td><td></td><td></td></tr>
<tr><td>编制</td><td colspan="2"></td><td>日期</td><td></td><td>审核</td><td colspan="2"></td><td>日期</td><td></td></tr>
</table>

表 4-2-5　数控加工程序单

<table>
<tr><td colspan="2" rowspan="2">数控加工程序单</td><td>产品名称</td><td></td><td>零件名称</td><td></td><td>共　页</td></tr>
<tr><td>工序号</td><td></td><td>工序名称</td><td></td><td>第　页</td></tr>
<tr><td>序号</td><td>程序
编号</td><td>工序内容</td><td>刀具</td><td>切削深度
（相对最高点）</td><td colspan="2">备注</td></tr>
<tr><td></td><td></td><td></td><td></td><td></td><td colspan="2"></td></tr>
<tr><td></td><td></td><td></td><td></td><td></td><td colspan="2"></td></tr>
<tr><td></td><td></td><td></td><td></td><td></td><td colspan="2"></td></tr>
<tr><td></td><td></td><td></td><td></td><td></td><td colspan="2"></td></tr>
<tr><td></td><td></td><td></td><td></td><td></td><td colspan="2"></td></tr>
<tr><td></td><td></td><td></td><td></td><td></td><td colspan="2"></td></tr>
<tr><td></td><td></td><td></td><td></td><td></td><td colspan="2"></td></tr>
<tr><td colspan="4">装夹示意图：</td><td colspan="3">装夹说明：</td></tr>
<tr><td colspan="2">编程/日期</td><td></td><td>审核/日期</td><td></td><td colspan="2"></td></tr>
</table>

☑ 任务评价

任务							
系别		班级		学号		姓名	
课程小结：							
教师评价：							
得分：							

任务 3　精车循环指令的运用

☑ 任务内容

完成图 4-3-1 所示零件的加工。

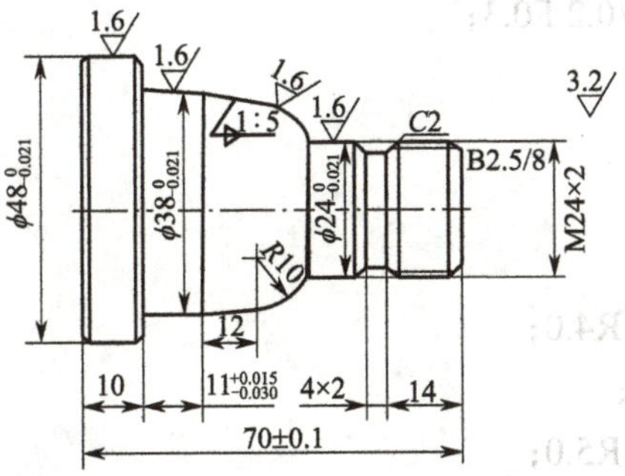

图 4-3-1　配合件零件图(mm)

技术要求:未注倒角为 C1。

☑ 任务目标

(1)掌握 G70 外圆精车循环指令的相关知识。
(2)了解各代码的作用。
(3)掌握余量的选择和刀具之间的关系并能去余量。

☑ 任务准备

(1)知识准备:对外圆精车加工方法、切削外圆的加工指令、精车循环加工等进行预习,其间将粗车和精车程序联系到一起学习。

(2)工具准备:装夹量具。

☑ 知识链接

当用 G71 指令对工件进行粗加工之后,可以用 G70 指令完成精车循环也就是让刀具按粗车循环指令中的精加工路线切除粗加工后留下的余量。

【例 4-3-1】　加工图 4-3-2 所示零件。

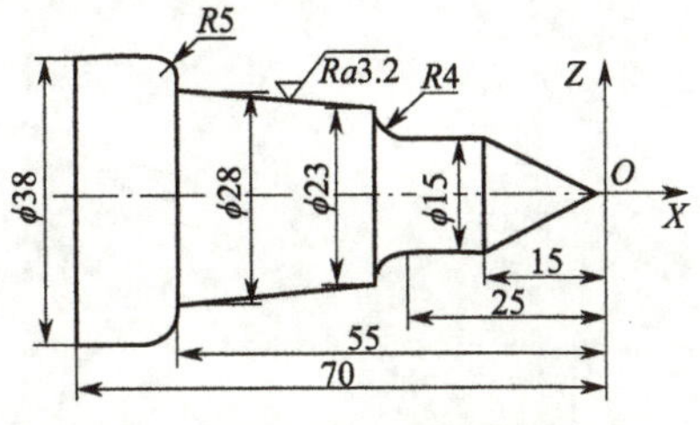

图 4-3-2　冲压模具凸模零件图(mm)

具体加工程序如下。

```
O0005;
G99 G97 G40 G21 T0101;
M03 S500;
G00 X40.0 Z5.0 M08;
G71 U2.0 R2.0;
G71 P1 Q2 U0.5 W0.2 F0.3;
N1 G00 X0;
G01 Z0 F0.1;
X15.0 Z-15.0;
Z-25.0;
G02 X23.0 Z-29.0 R4.0;
G01 X28.0 Z-55.0;
G03 X38.0 Z-60.0 R5.0;
N2 G01 Z-70.0;
G00 X100.0 Z100.0;
M03 S1000 T0202;
G00 X40.0 Z5.0 ;
G70 P1 Q2 F0.1;
G00 X100 Z100;
M05;
M30;
```

☑ 任务步骤

(1)学生分组讨论,将加工方案讨论结果填入表4-3-1。

(2)确定工件坐标系及坐标方向。

(3)编写走刀路线。

(4)编制加工程序,填入表4-3-2。

(5)将编好的程序输入数控车床,并对编写的程序进行模拟校验。

(6)对工件进行实际加工。

(7)填写机械加工工艺过程卡(表4-3-3)、机械加工工序卡(表4-3-4)、数控加工程序单(表4-3-5)。

表 4-3-1 加工方案讨论结果

组别	加工方案（本组同学商讨方案）	加工方案优缺点（各组互评）

表 4-3-2 加工程序

程序	程序说明

表 4-3-3　机械加工工艺过程卡

零件名称		机械加工工艺过程卡	毛坯种类		共　页
			材料		第　页
工序号	工序名称	工序内容		设备	工艺装备
编制		日期	审核		日期

表 4-3-4　机械加工工序卡

零件名称		机械加工工序卡		工序号		工序名称		共　页 第　页
材料		毛坯状态		车床设备		夹具		

简述：

工步号	工步内容	刀具规格	刀具材料	量具	背吃刀量	进给量（mm/min）	主轴转速（r/min）

编制		日期		审核		日期	

表 4-3-5　数控加工程序单

<table>
<tr><td colspan="2" rowspan="2">数控加工程序单</td><td>产品名称</td><td></td><td>零件名称</td><td></td><td>共　页</td></tr>
<tr><td>工序号</td><td></td><td>工序名称</td><td></td><td>第　页</td></tr>
<tr><td>序号</td><td>程序
编号</td><td>工序内容</td><td>刀具</td><td>切削深度
（相对最高点）</td><td colspan="2">备注</td></tr>
<tr><td></td><td></td><td></td><td></td><td></td><td colspan="2"></td></tr>
<tr><td></td><td></td><td></td><td></td><td></td><td colspan="2"></td></tr>
<tr><td></td><td></td><td></td><td></td><td></td><td colspan="2"></td></tr>
<tr><td></td><td></td><td></td><td></td><td></td><td colspan="2"></td></tr>
<tr><td></td><td></td><td></td><td></td><td></td><td colspan="2"></td></tr>
<tr><td></td><td></td><td></td><td></td><td></td><td colspan="2"></td></tr>
<tr><td></td><td></td><td></td><td></td><td></td><td colspan="2"></td></tr>
<tr><td colspan="4">装夹示意图：</td><td colspan="3">装夹说明：</td></tr>
<tr><td colspan="2">编程/日期</td><td></td><td>审核/日期</td><td></td><td colspan="2"></td></tr>
</table>

☑ 任务评价

任务							
系别		班级		学号		姓名	

课程小结：
教师评价：
得分：

任务 4　循环指令的运用

☑ 任务内容

完成图 4-4-1 所示零件的加工。

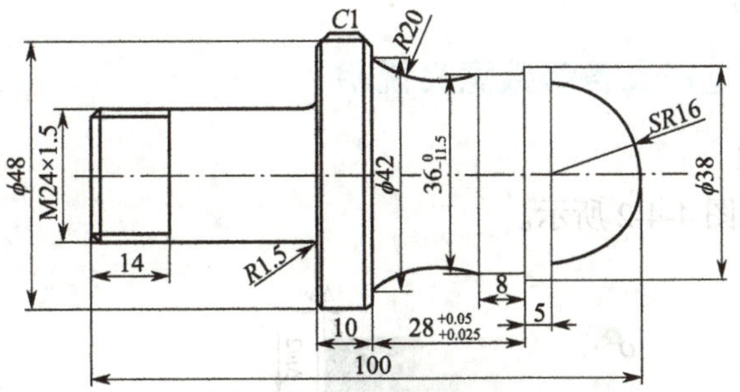

图 4-4-1　零件(mm)

☑ 任务目标

(1)了解 G73 指令格式及各参数的含义。

(2)掌握 G73 指令在程序中的使用方法,并能独立完成任务工件的加工。

(3)掌握正确使用游标卡尺、外径千分尺对工件进行检测的方法。

☑ 任务准备

(1)材料准备:ϕ30 mm × 120 mm,材料为 45#钢。

(2)工具准备:三爪卡盘钥匙、刀扳手、铜皮。

(3)刀具准备:外圆车刀。

(4)量具准备:游标卡尺、外径千分尺。

☑ 知识链接

G71 适合于轮廓外形单调增大或单调减小的轴类零件的加工。G71 指令适于车削圆棒料毛坯,且所加工零件轮廓外形必须是单调递增或单调递减的形式。

如果轮廓外形不是单调递增或单调递减的形式,那么需要使用 G73 循环指令。

1.G73 指令的功能

只需指定粗加工循环次数、精加工余量和精加工路线,系统会自动算出粗加工的背吃刀量,给出粗加工路线,完成各外圆表面的粗加工。

2. 指令格式

G73 U(Δi) W(Δk) R(d);

G73 P(ns) Q(nf) U(Δu) W(Δw) F(f) S_ T_;

N(ns)……;

⋮

N(nf)……;

3.G73 的走刀过程及各参数意义说明

1)G73 走刀过程

G73 走刀过程如图 4-4-2 所示。

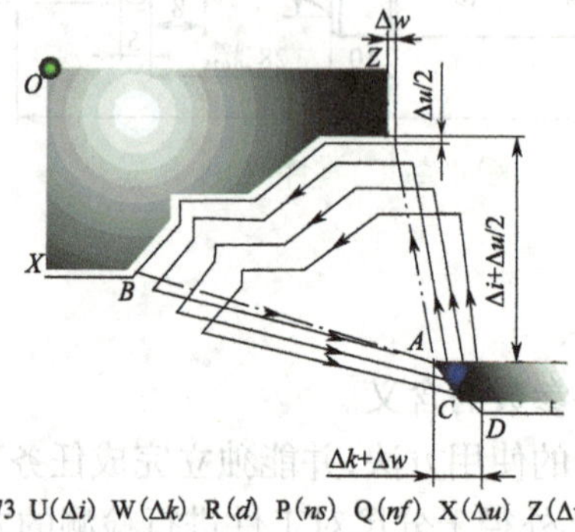

图 4-4-2 走刀过程

2)G73 各参数含义

Δi 为 X 轴上的总退刀量(半径值);Δk 为 Z 轴上的总退刀量;d 为重复加工的次数;Δu 为 X 方向上的精车余量(直径值);Δw 为 Z 方向上的精车余量;ns 为精加工路线的第一个程序段的顺序号;nf 为精加工路线的最后一个程序段的顺序号;F 定义切削进给速度;S 定义主轴转速;T 定义刀具号、刀具偏置号。

【例 4-4-1】 加工图 4-4-3 所示的零件。

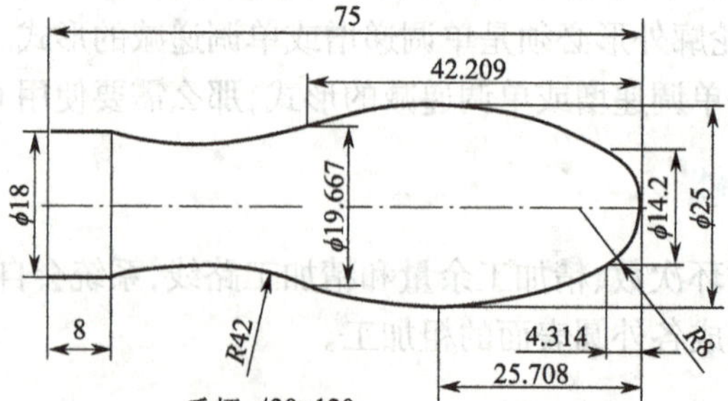

图 4-4-3 丝杠摇把零件图(mm)

具体加工程序如下。

```
O0005;
G99 G97 G40 G21 T0101;
M03 S800;
G00 X32 Z5;
G73 U12.5 R15;      （U 定义工件最大直径减最小直径的一半,R 定义车削次数）
G73 P1 Q2 U0.2 W0.2 F0.2;      （G73 符合指令循环）
N1 G00 X0;
G01 Z0 F0.2;
G03 X14.2 Z-4.314 R7.1;
G03 X25 Z-25.708 R36;
G03 X19.667 Z-42.209 R36;
G02 X18 Z-67 R42;
G01 Z-75;
X27;
N2 G00 Z5;
M03 S1200;
G70 P1 Q2 F0.1;      （精车循环）
G00 X100 Z100;
M05;
M30;      （程序结束）
```

☑ 任务步骤

（1）学生分组讨论,将加工方案讨论结果填入表 4-4-1。

（2）确定工件坐标系及坐标方向。

（3）编写走刀路线。

（4）编制加工程序,填入表 4-4-2。

（5）将编好的程序输入数控车床,并对编写的程序进行模拟校验。

（6）对工件进行实际加工。

（7）填写机械加工工艺过程卡（表 4-4-3）、机械加工工序卡（表 4-4-4）、数控加工程序单（表 4-4-5）。

表 4-4-1　加工方案讨论结果

组别	加工方案(本组同学商讨方案)	加工方案优缺点(各组互评)

表 4-4-2　加工程序

程序	程序说明

表 4-4-3 机械加工工艺过程卡

零件名称		机械加工工艺过程卡			毛坯种类		共 页
					材料		第 页
工序号	工序名称	工序内容				设备	工艺装备
编制		日期		审核		日期	

表 4-4-4　机械加工工序卡

<table>
<tr><td rowspan="2">零件名称</td><td rowspan="2"></td><td rowspan="2" colspan="2">机械加工工序卡</td><td rowspan="2">工序号</td><td rowspan="2"></td><td rowspan="2">工序名称</td><td rowspan="2"></td><td>共　页</td></tr>
<tr><td>第　页</td></tr>
<tr><td>材料</td><td></td><td>毛坯状态</td><td></td><td>车床设备</td><td></td><td>夹具</td><td colspan="2"></td></tr>
<tr><td colspan="9">简述：</td></tr>
<tr><td>工步号</td><td colspan="2">工步内容</td><td>刀具规格</td><td>刀具材料</td><td>量具</td><td>背吃刀量</td><td>进给量（mm/min）</td><td>主轴转速（r/min）</td></tr>
<tr><td></td><td colspan="2"></td><td></td><td></td><td></td><td></td><td></td><td></td></tr>
<tr><td></td><td colspan="2"></td><td></td><td></td><td></td><td></td><td></td><td></td></tr>
<tr><td></td><td colspan="2"></td><td></td><td></td><td></td><td></td><td></td><td></td></tr>
<tr><td></td><td colspan="2"></td><td></td><td></td><td></td><td></td><td></td><td></td></tr>
<tr><td></td><td colspan="2"></td><td></td><td></td><td></td><td></td><td></td><td></td></tr>
<tr><td></td><td colspan="2"></td><td></td><td></td><td></td><td></td><td></td><td></td></tr>
<tr><td>编制</td><td></td><td>日期</td><td></td><td>审核</td><td></td><td>日期</td><td colspan="2"></td></tr>
</table>

表 4-4-5 数控加工程序单

<table>
<tr><td colspan="2" rowspan="2">数控加工程序单</td><td>产品名称</td><td></td><td>零件名称</td><td></td><td>共 页</td></tr>
<tr><td>工序号</td><td></td><td>工序名称</td><td></td><td>第 页</td></tr>
<tr><td>序号</td><td>程序编号</td><td>工序内容</td><td>刀具</td><td>切削深度（相对最高点）</td><td colspan="2">备注</td></tr>
<tr><td></td><td></td><td></td><td></td><td></td><td colspan="2"></td></tr>
<tr><td></td><td></td><td></td><td></td><td></td><td colspan="2"></td></tr>
<tr><td></td><td></td><td></td><td></td><td></td><td colspan="2"></td></tr>
<tr><td></td><td></td><td></td><td></td><td></td><td colspan="2"></td></tr>
<tr><td></td><td></td><td></td><td></td><td></td><td colspan="2"></td></tr>
<tr><td></td><td></td><td></td><td></td><td></td><td colspan="2"></td></tr>
<tr><td></td><td></td><td></td><td></td><td></td><td colspan="2"></td></tr>
<tr><td colspan="4">装夹示意图：</td><td colspan="3">装夹说明：</td></tr>
<tr><td colspan="2">编程/日期</td><td></td><td>审核/日期</td><td></td><td colspan="2"></td></tr>
</table>

☑ 任务评价

任务							
系别		班级		学号		姓名	
课程小结：							
教师评价：							
得分：							

“蛟龙号”上的“两丝”钳工顾秋亮

“蛟龙号”是中国首个大深度载人潜水器,由十几万个零部件组成,组装过程中的最大难度就是密封性,精密度要求达到了“丝”级。而在中国载人潜水器的组装中,能实现这个精密度的只有钳工顾秋亮,也因为有着这样的绝活儿,顾秋亮被人称为“顾两丝”。

“蛟龙号”的载人球是从俄罗斯定制的,安装的难度在球体跟玻璃的接触面,要控制在0.2 丝(1 丝=0.01 mm)以下。0.2 丝,只有一根头发丝直径的1/50。

除了依靠精密仪器,更重要的是依靠顾秋亮自己的判断。用眼睛看,用手摸,就能做出精密仪器干的活儿。顾秋亮并不是在吹牛,即便是在摇晃的大海上,他用纯手工打磨维修的潜水器密封面平面度也能控制在 2 丝以内,因此人称“顾两丝”。

2004 年,“蛟龙号”开始组装,顾秋亮和他师傅级的前辈们一起被抽调到这个项目上。而且凭着“两丝”的功力,顾秋亮被任命为装配组组长。他们最大的挑战就是确保潜水器的密封性。

“蛟龙号”是中国首个大深度载人潜水器,组装起来没有可以借鉴的经验,顾秋亮他们只能一点点摸索。时间长了,顾秋亮两只手上基本没有纹路了,指纹打卡都成问题。

目前在中国,深海载人潜水器有两台,组装工作都是由顾秋亮牵头。4 500 m 载人潜水器或许是他组装的最后一台潜水器,载人舱的玻璃装好了,他还是那么精细,那么专注,反复确认它的安全性。

让人信任一次两次、一年两年容易,让人信任一辈子很难。四十多年来,顾秋亮用他做人的信念,埋头苦干、踏实钻研、挑战极限,追求一辈子的信任。这种信念,让他赢得潜航员托付生命的信任,也见证了中国从海洋大国向海洋强国的迈进。

项目 5　螺纹循环指令实训

通过对本项目的学习能够了解直线进入螺纹加工循环指令的代码要求,并通过对代码的掌握进行简单编程。编程中可以使学生具备独立分析图纸、制定加工方案、编写工艺过程工艺卡片的能力,也可以练习正确使用游标卡尺、内外径千分尺及螺纹通止规的方法等。

任务 1　直进法螺纹指令的运用

☑ 任务内容

完成图 5-1-1 所示零件的加工。

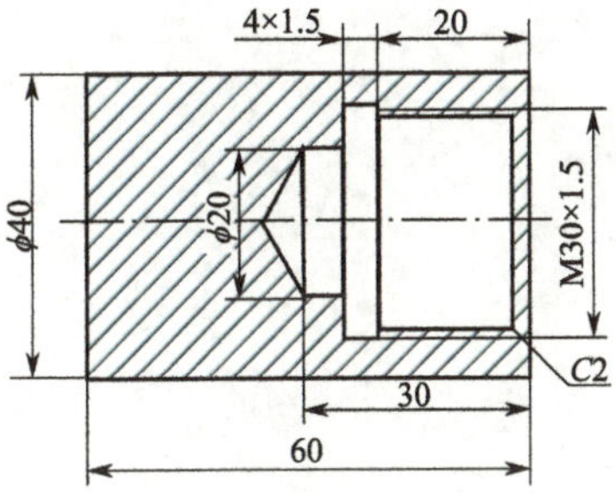

图 5-1-1　内孔直螺纹零件图(mm)

☑ 任务目标

(1)掌握 G92 直进法螺纹循环指令的相关知识。

(2)掌握各代码的作用。

(3)掌握余量的选择和刀具之间的关系。

☑ 任务准备

(1)知识准备:对利用 G92 的加工方法、切削螺纹的加工指令、螺纹加工等进行预习。

(2)工具准备:装夹量具、螺纹环规。

☑ 任务步骤

(1)学生分组讨论,将加工方案讨论结果填入表 5-1-1。

(2)确定工件坐标系及坐标方向。

(3)编写走刀路线。

(4)编制加工程序,填入表 5-1-2。

(5)将编好的程序输入数控车床,并对编写的程序进行模拟校验。

(6)对工件进行实际加工。

(7)填写机械加工工艺过程卡(表 5-1-3)、机械加工工序卡(表 5-1-4)、数控加工程序单(表 5-1-5)。

表 5-1-1　加工方案讨论结果

组别	加工方案（本组同学商讨方案）	加工方案优缺点（各组互评）

表 5-1-2 加工程序

程序	程序说明

表 5-1-3　机械加工工艺过程卡

零件名称	传动轴	机械加工工艺过程卡	毛坯种类		共　页
			材料		第　页
工序号	工序名称	工序内容		设备	工艺装备

编制		日期		审核		日期	

表 5-1-4 机械加工工序卡

零件名称		机械加工工序卡		工序号		工序名称		共 页 第 页
材料		毛坯状态		车床设备		夹具		

简述：

工步号	工步内容	刀具规格	刀具材料	量具	背吃刀量	进给量（mm/min）	主轴转速（r/min）

编制		日期		审核		日期	

表 5-1-5　数控加工程序单

<table>
<tr><td colspan="2" rowspan="2">数控加工程序单</td><td>产品名称</td><td></td><td>零件名称</td><td></td><td>共　页</td></tr>
<tr><td>工序号</td><td></td><td>工序名称</td><td></td><td>第　页</td></tr>
<tr><td>序号</td><td>程序
编号</td><td>工序内容</td><td>刀具</td><td>切削深度
（相对最高点）</td><td colspan="2">备注</td></tr>
<tr><td></td><td></td><td></td><td></td><td></td><td colspan="2"></td></tr>
<tr><td></td><td></td><td></td><td></td><td></td><td colspan="2"></td></tr>
<tr><td></td><td></td><td></td><td></td><td></td><td colspan="2"></td></tr>
<tr><td></td><td></td><td></td><td></td><td></td><td colspan="2"></td></tr>
<tr><td></td><td></td><td></td><td></td><td></td><td colspan="2"></td></tr>
<tr><td></td><td></td><td></td><td></td><td></td><td colspan="2"></td></tr>
<tr><td></td><td></td><td></td><td></td><td></td><td colspan="2"></td></tr>
<tr><td colspan="4">装夹示意图：</td><td colspan="3">装夹说明：</td></tr>
<tr><td colspan="2">编程/日期</td><td></td><td>审核/日期</td><td></td><td colspan="2"></td></tr>
</table>

☑ 任务评价

任务							
系别		班级		学号		姓名	
课程小结：							
教师评价：							
得分：							

任务 2　斜进法螺纹指令的运用

☑ 任务内容

完成图 5-2-1 所示零件的加工。

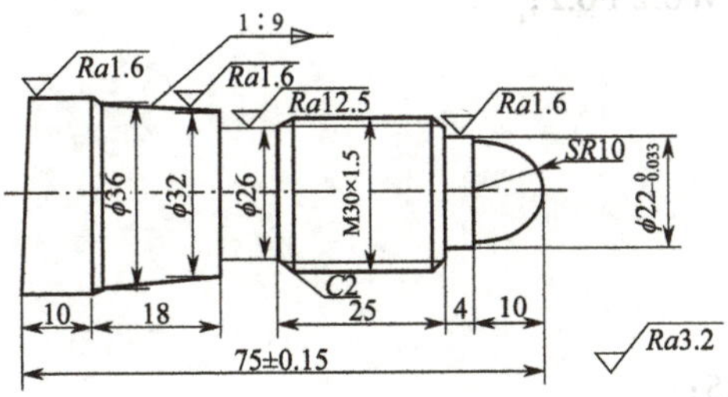

图 5-2-1　阶梯轴零件图(mm)

☑ 任务目标

(1)掌握 G76 斜进法螺纹循环指令的相关知识。

(2)了解各代码的作用。

(3)掌握余量的选择和刀具之间的关系。

☑ 任务准备

(1)知识准备:对斜进法螺纹的加工方法、切削斜进法螺纹部分的加工指令、斜进法螺纹部分循环加工等进行预习。

(2)工具准备:装夹量具、螺纹环规。

☑ 知识链接

下面以加工图 5-2-2 所示的零件为例,介绍 G76 指令在编程中的使用方法。

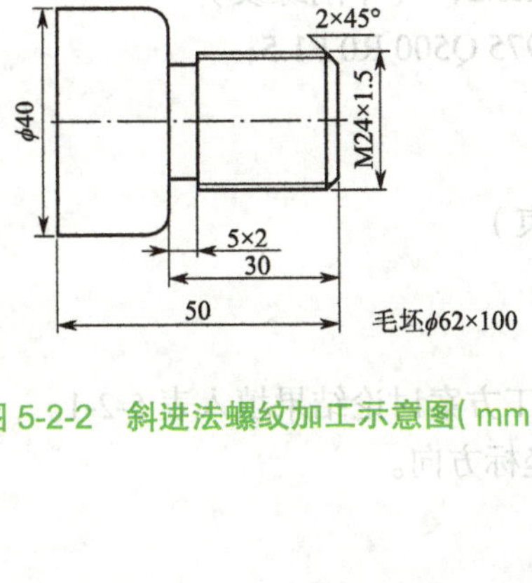

图 5-2-2　斜进法螺纹加工示意图(mm)

具体加 工程序如下。

```
O0004;
G99 G97 G40 G21 T0101;      （一号刀具为外圆车刀）
M03 S800;
G0 X42 Z5;
G71 U1 R0.5;  （外圆粗车指令循环）
G71 P1 Q2 U0.3 W0.2 F0.2;
N1 G0 X20;
G01 Z0 F0.2;
X24 Z-2;
Z-30;
X30;
G03 X40 Z-35 R5;
G01 Z-50;
X42;
N2 G00 Z5;
M03 S1000;
G70 P1 Q2 F0.1;      （精车循环）
G00 X100 Z100;
T0202;      （二号刀具为 4 mm 切槽刀）
M03 S400;
G00 X32 Z-30;
G01 X20 F0.05;
X32;
G00 X100 Z100;
T0303;      （三号刀具为螺纹刀）
M03 S500;
G00 X42 Z5;
G76 P060060 Q100 R0.2;  （车削螺纹）
G76 X22.05 Z-28 P975 Q500 R0 F1.5;
G00 X100 Z100;
M05;
M30;      （程序结束）
```

☑ 任务步骤

（1）学生分组讨论，将加工方案讨论结果填入表 5-2-1。

（2）确定工件坐标系及坐标方向。

（3）编写走刀路线。

（4）编制加工程序，填入表 5-2-2。

（5）将编好的程序输入数控车床，并对编写的程序进行模拟校验。

（6）对工件进行实际加工。

（7）填写机械加工工艺过程卡（表 5-2-3）、机械加工工序卡（表 5-2-4）、数控加工程序单（表 5-2-5）。

表 5-2-1 加工方案讨论结果

组别	加工方案(本组同学商讨方案)	加工方案优缺点(各组互评)

表 5-2-2 加工程序

程序	程序说明

表 5-2-3 机械加工工艺过程卡

<table>
<tr><td rowspan="2">零件
名称</td><td rowspan="2"></td><td colspan="3" rowspan="2">机械加工工艺过程卡</td><td>毛坯种类</td><td></td><td>共　页</td></tr>
<tr><td>材料</td><td></td><td>第　页</td></tr>
<tr><td>工序号</td><td>工序名称</td><td colspan="4">工序内容</td><td>设备</td><td>工艺装备</td></tr>
<tr><td></td><td></td><td colspan="4"></td><td></td><td></td></tr>
<tr><td></td><td></td><td colspan="4"></td><td></td><td></td></tr>
<tr><td></td><td></td><td colspan="4"></td><td></td><td></td></tr>
<tr><td></td><td></td><td colspan="4"></td><td></td><td></td></tr>
<tr><td></td><td></td><td colspan="4"></td><td></td><td></td></tr>
<tr><td></td><td></td><td colspan="4"></td><td></td><td></td></tr>
<tr><td></td><td></td><td colspan="4"></td><td></td><td></td></tr>
<tr><td></td><td></td><td colspan="4"></td><td></td><td></td></tr>
<tr><td></td><td></td><td colspan="4"></td><td></td><td></td></tr>
<tr><td></td><td></td><td colspan="4"></td><td></td><td></td></tr>
<tr><td>编制</td><td></td><td>日期</td><td></td><td>审核</td><td></td><td>日期</td><td></td></tr>
</table>

表 5-2-4 机械加工工序卡

零件名称		机械加工工序卡	工序号		工序名称		共 页 第 页
材料		毛坯状态		车床设备		夹具	

简述：

工步号	工步内容	刀具规格	刀具材料	量具	背吃刀量	进给量（mm/min）	主轴转速（r/min）
编制		日期		审核		日期	

表 5-2-5　数控加工程序单

<table>
<tr><td colspan="2" rowspan="2">数控加工程序单</td><td>产品名称</td><td></td><td>零件名称</td><td></td><td>共　页</td></tr>
<tr><td>工序号</td><td></td><td>工序名称</td><td></td><td>第　页</td></tr>
<tr><td>序号</td><td>程序
编号</td><td>工序内容</td><td>刀具</td><td>切削深度
（相对最高点）</td><td colspan="2">备注</td></tr>
<tr><td></td><td></td><td></td><td></td><td></td><td colspan="2"></td></tr>
<tr><td></td><td></td><td></td><td></td><td></td><td colspan="2"></td></tr>
<tr><td></td><td></td><td></td><td></td><td></td><td colspan="2"></td></tr>
<tr><td></td><td></td><td></td><td></td><td></td><td colspan="2"></td></tr>
<tr><td></td><td></td><td></td><td></td><td></td><td colspan="2"></td></tr>
<tr><td></td><td></td><td></td><td></td><td></td><td colspan="2"></td></tr>
<tr><td></td><td></td><td></td><td></td><td></td><td colspan="2"></td></tr>
<tr><td colspan="4">装夹示意图：</td><td colspan="3">装夹说明：</td></tr>
<tr><td colspan="2">编程/日期</td><td></td><td>审核/日期</td><td></td><td colspan="2"></td></tr>
</table>

☑ 任务评价

<table>
<tr><td>任务</td><td colspan="7"></td></tr>
<tr><td>系别</td><td></td><td>班级</td><td></td><td>学号</td><td></td><td>姓名</td><td></td></tr>
<tr><td colspan="8">课程小结：</td></tr>
<tr><td colspan="8">教师评价：</td></tr>
<tr><td colspan="8">得分：</td></tr>
</table>

匠心筑梦 航天手艺人

胡双钱，中国商飞上海飞机制造有限公司数控机加车间钳工组组长，一位本领过人的飞机制造师。在35年的航空技术制造工作中，他经手的零件上千万，没有出过一次质量差错。

“每个零件都关系着乘客的生命安全。确保质量，是我最大的职责。”核准、划线，锯掉多余的部分，拿起气动钻头依线点导孔，握着锉刀将零件的锐边倒圆、去毛刺、打光，这样的动作，他整整重复了35年。

胡双钱读书时，技校老师是位修军机的老师傅，经验丰富、作风严谨。“学飞机制造技术是次位，学做人是首位。干活，要凭良心。”这句话对他影响颇深。

一次，胡双钱按流程给一架在修理的大型飞机拧螺丝、上保险、安装外部零部件。“我每天睡前都喜欢‘放电影’，想想今天做了什么，有没有做好。”那天回想工作，胡双钱对“上保险”这一环节感到怎么也不踏实。保险对螺丝起固定作用，确保飞机在空中飞行时，不会因震动过大导致螺丝松动。思前想后，胡双钱还是不踏实，凌晨3点，他又骑着自行车赶到单位，拆去层层外部零部件，保险醒目出现，一颗悬着的心落了下来。

从此，每做完一步，他都会定睛看几秒再进入下道工序，“再忙也不缺这几秒，质量最重要！”一切都是为了让中国人自己的新支线飞机早日安全飞行在蓝天。

胡双钱说：“参与研制中国的大飞机，是我最大的荣耀。看到我们自己的飞机早日安全地翱翔在蓝天，是我最大的愿望。”能够研发大型客机是一个国家综合实力的体现。在这个处于现代工业体系顶端的产业里，手工工人虽已越来越少，却不可替代，即使是生产高度自动化的波音和空客，也都保留着独当一面的手工工匠。作为一名高级钳工技师的胡双钱就是这样一位手艺人，35年里他加工过数十万件飞机零件，没有出现过一个次品。

“反向验证法”则是令胡双钱最为珍视的“金科玉律”“独家秘诀”。这也与最基础的划线有关：钳工在划线零件角度时，通常采用万能角度尺划线，那么如何验证划线是否正确？如果采用同样的方法复查，很难找出差错。这时，胡双钱就会再用三角函数算出划线长度进行验证。结果一致，OK；结果不相符，就说明有问题了。这样做，无异于在这一基础环节上做了双倍的工作量，但却为保证加工的准确和质量，减少报废等打下基础。他说：“质量问题不是罚不罚款能解决的，飞机关系到生命，干活要凭良心。”

因为长期接触漆色、铝屑，胡双钱的手已经有些发青，而经这双手制造出来的零件被安装在近千架飞机上，飞往世界各地。胡双钱在这个车间已经工作了35年，经他手完成的零件没有出过一个次品。

近年来，默默无闻的老胡获得了不少荣誉。2009年，他荣获全国五一劳动奖章，2015年又被评为全国劳动模范，平生第一次走进庄严的北京人民大会堂接受表彰。胡双钱感慨：“我们赶上了好时代。”他说，“我们的民机事业经历过坎坷与挫折，但终于熬过来了，迎来了春天。我们应该更加珍惜今天的事业，想要更好，也还要靠自己。”

胡双钱现在最大的愿望是，“最好再干10年、20年，为中国大飞机多做一点。”

项目 6　零件综合加工实训

本项目是学习了一定数控车床编程知识及操作技能以后的综合练习。考验的是学生经过一段时间实习后独立完成工件加工的能力，包括分析图纸的能力、制定加工工艺方案的能力及参数设置的能力等。

任务 1　连接轴加工 1

☑ 任务内容

完成图 6-1-1 所示零件的加工。

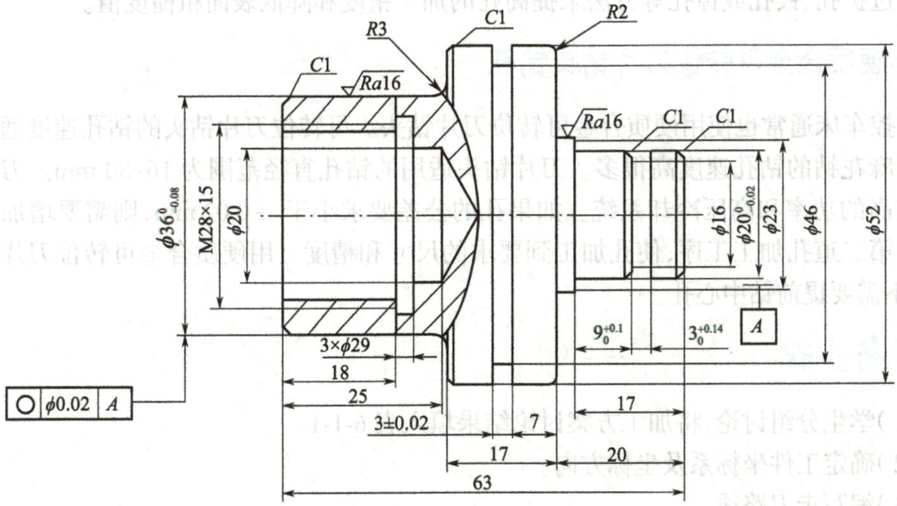

图 6-1-1　连接轴零件图(mm)

☑ 任务目标

(1)学会使用 G71 指令加工工件外径，车削内孔等的方法。

(2)具备独立完成任务工件加工的能力。

(3)学会正确使用装夹量具。

☑ 任务准备

(1)材料准备：$\phi55$ mm × 65 mm，45#钢的圆棒料。

(2)工具准备：三爪卡盘钥匙、刀扳手、0.2 mm 厚的铜皮、钻夹头和麻花钻套筒。

(3)量具准备:游标卡尺、内外径千分尺。

(4)刀具准备:外圆车刀(用于对工件进行粗加工)、内外切槽刀、内孔螺纹刀、ϕ3 mm 中心钻、ϕ18 mm 麻花钻。

☑ 知识链接

1. 麻花钻钻孔

钻孔常用的刀具是麻花钻(由高速钢制造)。钻孔的主要工艺特点:钻头的两个主刀刃不易磨得完全对称,切削时受力不均衡;钻头刚性较差,钻孔时钻头容易发生偏斜。

通常,用麻花钻钻孔前,先用刚性好的钻头(如用中心孔钻)钻一个小孔,用于引正麻花钻开始钻孔时的位置和钻削方向。

用麻花钻钻孔时,切下的切屑体积大,排屑困难,产生的切削热大而冷却效果差,会导致钻头刀刃容易磨损,因而限制了钻孔的进给量和切削速度,降低了钻孔的效率。

可见,钻孔加工精度低(IT2~13)、孔内表面粗糙度值大,一般只能作粗加工。钻孔后,可以通过扩孔、铰孔或镗孔等方法来提高孔的加工精度和降低表面粗糙度值。

2. 硬质合金可转位刀片钻头钻孔

数控车床通常也使用硬质合金可转位刀片钻头。可转位刀片钻头的钻孔速度通常要比高速钢麻花钻的钻孔速度高很多。刀片钻头适用的钻孔直径范围为 16~80 mm。刀片钻头需要较高的功率和高压冷却系统。如果孔的公差要求小于 ±0.02 mm,则需要增加镗孔或铰孔等第二道孔加工工序,使孔加工到要求的尺寸和精度。用硬质合金可转位刀片钻头钻孔时,不需要提前钻中心孔。

☑ 任务步骤

(1)学生分组讨论,将加工方案讨论结果填入表 6-1-1。

(2)确定工件坐标系及坐标方向。

(3)编写走刀路线。

(4)编制加工程序,填入表 6-1-2。

(5)将编好的程序输入数控车床,并对编写的程序进行模拟校验。

(6)对工件进行实际加工。

(7)填写机械加工工艺过程卡(表 6-1-3)、机械加工工序卡(表 6-1-4)、数控加工程序单(表 6-1-5)。

表 6-1-1　加工方案讨论结果

组别	加工方案（本组同学商讨方案）	加工方案优缺点（各组互评）

表 6-1-2　加工程序

程序	程序说明

表 6-1-3 机械加工工艺过程卡

<table>
<tr><td rowspan="2">零件
名称</td><td rowspan="2"></td><td colspan="3" rowspan="2">机械加工工艺过程卡</td><td>毛坯种类</td><td></td><td>共 页</td></tr>
<tr><td>材料</td><td></td><td>第 页</td></tr>
<tr><td>工序号</td><td>工序名称</td><td colspan="4">工序内容</td><td>设备</td><td>工艺装备</td></tr>
<tr><td></td><td></td><td colspan="4"></td><td></td><td></td></tr>
<tr><td></td><td></td><td colspan="4"></td><td></td><td></td></tr>
<tr><td></td><td></td><td colspan="4"></td><td></td><td></td></tr>
<tr><td></td><td></td><td colspan="4"></td><td></td><td></td></tr>
<tr><td></td><td></td><td colspan="4"></td><td></td><td></td></tr>
<tr><td></td><td></td><td colspan="4"></td><td></td><td></td></tr>
<tr><td></td><td></td><td colspan="4"></td><td></td><td></td></tr>
<tr><td></td><td></td><td colspan="4"></td><td></td><td></td></tr>
<tr><td></td><td></td><td colspan="4"></td><td></td><td></td></tr>
<tr><td></td><td></td><td colspan="4"></td><td></td><td></td></tr>
<tr><td>编制</td><td></td><td>日期</td><td></td><td>审核</td><td></td><td>日期</td><td></td></tr>
</table>

表 6-1-4　机械加工工序卡

零件名称		机械加工工序卡		工序号		工序名称		共　页 第　页
材料		毛坯状态		车床设备		夹具		

简述：

工步号	工步内容	刀具规格	刀具材料	量具	背吃刀量	进给量（mm/min）	主轴转速（r/min）

编制		日期		审核		日期	

表 6-1-5　数控加工程序单

<table>
<tr><td colspan="2" rowspan="2">数控加工程序单</td><td>产品名称</td><td></td><td>零件名称</td><td></td><td>共　页</td></tr>
<tr><td>工序号</td><td></td><td>工序名称</td><td></td><td>第　页</td></tr>
<tr><td>序号</td><td>程序
编号</td><td>工序内容</td><td>刀具</td><td>切削深度
（相对最高点）</td><td colspan="2">备注</td></tr>
<tr><td></td><td></td><td></td><td></td><td></td><td colspan="2"></td></tr>
<tr><td></td><td></td><td></td><td></td><td></td><td colspan="2"></td></tr>
<tr><td></td><td></td><td></td><td></td><td></td><td colspan="2"></td></tr>
<tr><td></td><td></td><td></td><td></td><td></td><td colspan="2"></td></tr>
<tr><td></td><td></td><td></td><td></td><td></td><td colspan="2"></td></tr>
<tr><td></td><td></td><td></td><td></td><td></td><td colspan="2"></td></tr>
<tr><td></td><td></td><td></td><td></td><td></td><td colspan="2"></td></tr>
<tr><td colspan="4">装夹示意图：</td><td colspan="3">装夹说明：</td></tr>
<tr><td colspan="2">编程/日期</td><td></td><td>审核/日期</td><td></td><td colspan="2"></td></tr>
</table>

☑ 任务评价

任务							
系别		班级		学号		姓名	
课程小结：							
教师评价：							
得分：							

附:参考程序

1. 车削图纸右半部分外形程序

选择刀具 T0101(外圆粗车刀)、刀具 T0202(外圆精车刀)。

O0001;
G99 G97 G40 G21 T0101;　　（选用 1 号刀具,即外圆粗车刀）
M03 S800;　（主轴正转,转速为 350 r/min）
G00 X57 Z5;　（快速定位到起刀点）
G71 U1 R0.5;　（外圆轮廓粗加工循环）
G71 P1 Q2 U0.5 W0.2 F0.2;
N1 G00 X34;　（精加工路线起始段）
G01 Z0 F0.1;
X36 Z-1;
Z-23;
G02 X42 Z-26 R3;
G01 X50;
X52 Z-27;
Z-45;
N2 X57;　（精加工路线终止段）
G00 X100 Z100;　（快速移到换刀位置）
T0202;　（更换 2 号刀具,即外圆精车刀）
M03 S1200;　（主轴正转,转速为 1 200 r/min）
G00 X57 Z5;　（快速移动到起刀点）
G70 P1 Q2 F0.1;　（精加工循环）
G00 X100 Z100;　（返回换刀点）
M05;　（主轴停转）
M30;　（程序结束）

2. 车削图纸右半部分内孔部分程序

选择刀具 T0101(内孔镗刀)、刀具 T0202(3 mm 宽内孔切槽刀)、刀具 T0303(内孔螺纹刀)。

G99 G97 G40 G21 T0101;　（选用 1 号刀具,即内孔镗刀）
M03 S800;　（主轴正转,转速为 800 r/min）
G00 X18 Z5;　（快速定位到起刀点）
G71 U1 R0.5;　（内孔轮廓粗加工循环）
G71 P1 Q2 U-0.5 F0.2;　（精加工余量 *X* 轴方向 U 取负值）
N1 G00 X26.25;　（精加工路线起始段）

```
G01 Z0 F0.1;
Z-21;
X20;
Z-25;
X18;
N2 Z5;     (精加工路线终止段)
M03 S1200;     (主轴正转,转速为 1 200 r/min)
G70 P1 Q2 F0,1;     (精加工循环)
G00 X100 Z100;     (快速移动换刀位置)
T0202;     (更换 2 号刀具,即内孔切槽刀)
M03 S450;     (主轴正转,转速为 450 r/min)
G0 X25 Z5;
Z-21;     (刀具移动到切槽位置)
G01 X29 F0.05;     (切槽加工)
G00 X25;     (退刀到工件外部)
Z150;     (快速移动至换刀位置)
X100;
T0303;     (更换 3 号刀具,即内孔螺纹刀)
M03 S500;     (主轴正转,转速为 500 r/min)
G00 X26.25 Z5;     (快速定位到 G92 指令循环起刀点)
G92 X26.7 Z-19.5 F1.5;     (螺纹切削循环 1)
X27.2;     (螺纹切削循环 2)
X27.7;     (螺纹切削循环 3)
X28;     (螺纹切削循环 4)
X28;     (螺纹整形)
G00 X100 Z100;     (快速移动至换刀位置)
M05;     (主轴停转)
M30;     (程序结束)
```

3. 掉头装夹,先车削工件全长(63 mm),再车削图纸左半部分程序

选择刀具 T0101(外圆粗车刀)、刀具 T0202(外圆精车刀)、刀具 T0303(3 mm 宽外圆切槽刀)。

```
G99 G97 G40 G21 T0101;     (选用 1 号刀具,即外圆粗车刀)
M03 S800;     (主轴正转,转速为 800 r/min)
G00 X57 Z5;     (快速定位到起刀点)
G71 U1 R0.5;     (外圆轮廓粗加工循环)
G71 P1 Q2 U0.5 F0.2;
N1 G00 X18;     (精加工路线起始段)
```

```
G01 Z0 F0.1;
X20 Z-1;
Z-17;
X23;
Z-20;
X48;
G03 X52 Z-22 R2;
N2 G01 X57;      （精加工路线终止段）
G00 X100 Z100;      （快速移动至换刀位置）
T0202;      （选用 2 号刀具，即外圆精车刀）
M03 S1200;      （主轴正转，转速为 1 200 r/min）
G00 X57 Z5;      （快速定位到起刀点）
G70 P1 Q2 F0.1;      （精加工循环）
G00 X100 Z100;      （快速移动至换刀位置）
T0303;      （选用 3 号刀具，即外圆切槽刀）
M03 S450;      （主轴正转，转速为 450 r/min）
G00 X22 Z-8;      （移动到切槽位置）
G01 X16 F0.05;      （切槽加工）
X20;
Z-9;      （移动到倒角位置）
X18 Z-8;      （倒角加工）
X22;
G00 X100 Z100;      （快速移动至换刀位置）
M05;      （主轴停转）
M30;      （程序结束）
```

【扫码查看 G71 内外径粗车复合循环的相关介绍】

【扫描查看产品检测的相关介绍】

任务 2　连接轴加工 2

☑ 任务内容

完成图 6-2-1 所示零件的加工。

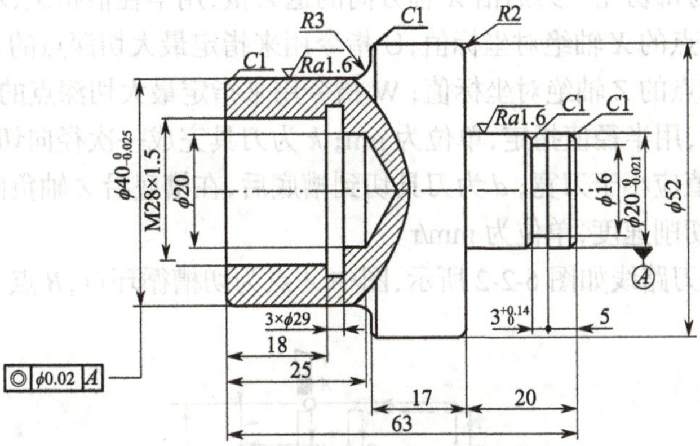

图 6-2-1　连接轴零件图(mm)

技术要求：

(1)未注倒角为 C0.5；

(2)未注公差按 ±0.1 mm 加工；

(3)不准使用锉刀、纱布修整零件表面。

☑ 任务目标

(1)具备独立分析图纸、制定加工方案的能力。

(2)能够正确安装工件及刀具。

(3)掌握外圆、粗精车的加工方法。

(4)掌握切削外槽的加工指令。

(5)能够独立完成内螺纹的加工。

(6)掌握正确使用装夹量具的方法。

☑ 任务准备

(1)材料准备：ϕ55 mm × 65 mm，45#钢圆棒料。

(2)工具准备：三爪卡盘钥匙、刀扳手、0.2 mm 厚的铜皮、钻夹头和麻花钻套筒。

(3)刀具准备：外圆车刀、内外切槽刀、内孔螺纹刀、ϕ3 mm 中心钻、ϕ18 mm 麻花钻。

(4)量具准备：游标卡尺、内外径千分尺、螺纹通止规。

☑ 知识链接

对于槽宽较大、深度较深的单槽,可采用切槽循环指令 G75 编程加工。

指令格式:

G75 R(e);

G75 X(U)_ Z(W)_ P(i) Q(k) R(d) F(f);

指令说明:e 为每切完一刀后沿 X 轴方向的退刀量,用半径值指定,单位为 mm; X 指令用来指定最大切深点的 X 轴绝对坐标值;U 指令用来指定最大切深点的 X 轴增量值;Z 指令用来指定最大切深点的 Z 轴绝对坐标值; W 指令用来指定最大切深点的 Z 轴增量值; i 为 X 轴方向每次切深量,用半径值指定,单位为 μm; k 为刀具完成一次径向切削后在 Z 向的移动量,单位为 μm,其值应小于刀宽; d 为刀具切到槽底后,在槽底沿 Z 轴负向的退刀量,单位为 μm,最好取 0;f 为切削速度,单位为 mm/r。

G75 指令的走刀路线如图 6-2-2 所示,图中 A 点为切槽循环点,B 点为最大切深点。

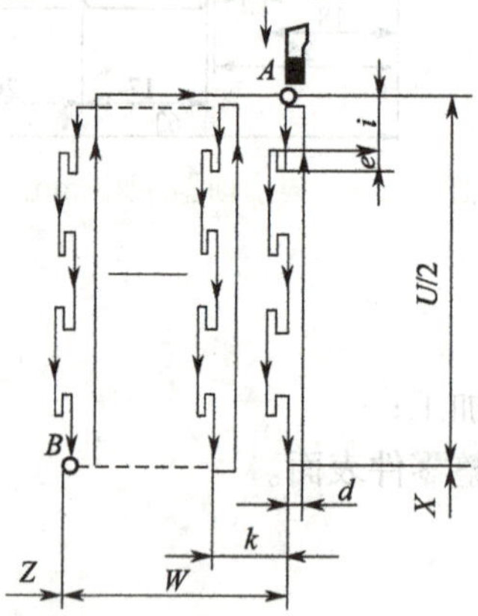

图 6-2-2 G75 指令的走刀路线

☑ 任务步骤

(1)学生分组讨论,将加工方案讨论结果填入表 6-2-1。

(2)确定工件坐标系及坐标方向。

(3)编写走刀路线。

(4)编制加工程序,填入表 6-2-2。

(5)将编好的程序输入数控车床,并对编写的程序进行模拟校验。

(6)对工件进行实际加工。

(7)填写机械加工工艺过程卡(表 6-2-3)、机械加工工序卡(表 6-2-4)、数控加工程序单(表 6-2-5)。

表 6-2-1　加工方案讨论结果

组别	加工方案（本组同学商讨方案）	加工方案优缺点（各组互评）

表 6-2-2 加工程序

程序	程序说明

表 6-2-3　机械加工工艺过程卡

零件名称	传动轴	机械加工工艺过程卡	毛坯种类 材料		共　页 第　页
工序号	工序名称	工序内容		设备	工艺装备

编制		日期		审核		日期	

表 6-2-4　机械加工工序卡

<table>
<tr><td rowspan="2">零件名称</td><td rowspan="2"></td><td colspan="2" rowspan="2">机械加工工序卡</td><td rowspan="2">工序号</td><td rowspan="2"></td><td rowspan="2">工序名称</td><td rowspan="2"></td><td>共　页</td></tr>
<tr><td>第　页</td></tr>
<tr><td>材料</td><td></td><td>毛坯状态</td><td></td><td>车床设备</td><td></td><td>夹具</td><td colspan="2"></td></tr>
<tr><td colspan="9">简述：</td></tr>
<tr><td>工步号</td><td colspan="3">工步内容</td><td>刀具规格</td><td>刀具材料</td><td>量具</td><td>背吃刀量</td><td>进给量（mm/min）</td><td>主轴转速（r/min）</td></tr>
<tr><td></td><td colspan="3"></td><td></td><td></td><td></td><td></td><td></td><td></td></tr>
<tr><td></td><td colspan="3"></td><td></td><td></td><td></td><td></td><td></td><td></td></tr>
<tr><td></td><td colspan="3"></td><td></td><td></td><td></td><td></td><td></td><td></td></tr>
<tr><td></td><td colspan="3"></td><td></td><td></td><td></td><td></td><td></td><td></td></tr>
<tr><td></td><td colspan="3"></td><td></td><td></td><td></td><td></td><td></td><td></td></tr>
<tr><td></td><td colspan="3"></td><td></td><td></td><td></td><td></td><td></td><td></td></tr>
<tr><td>编制</td><td></td><td>日期</td><td></td><td>审核</td><td></td><td>日期</td><td></td></tr>
</table>

表 6-2-5　数控加工程序单

<table>
<tr><td colspan="2" rowspan="2">数控加工程序单</td><td>产品名称</td><td></td><td>零件名称</td><td></td><td>共　页</td></tr>
<tr><td>工序号</td><td></td><td>工序名称</td><td></td><td>第　页</td></tr>
<tr><td>序号</td><td>程序
编号</td><td>工序内容</td><td>刀具</td><td>切削深度
（相对最高点）</td><td colspan="2">备注</td></tr>
<tr><td></td><td></td><td></td><td></td><td></td><td colspan="2"></td></tr>
<tr><td></td><td></td><td></td><td></td><td></td><td colspan="2"></td></tr>
<tr><td></td><td></td><td></td><td></td><td></td><td colspan="2"></td></tr>
<tr><td></td><td></td><td></td><td></td><td></td><td colspan="2"></td></tr>
<tr><td></td><td></td><td></td><td></td><td></td><td colspan="2"></td></tr>
<tr><td></td><td></td><td></td><td></td><td></td><td colspan="2"></td></tr>
<tr><td></td><td></td><td></td><td></td><td></td><td colspan="2"></td></tr>
<tr><td colspan="4">装夹示意图：</td><td colspan="3">装夹说明：</td></tr>
<tr><td colspan="2">编程/日期</td><td></td><td>审核/日期</td><td></td><td colspan="2"></td></tr>
</table>

☑ 任务评价

<table>
<tr><td>任务</td><td colspan="7"></td></tr>
<tr><td>系别</td><td></td><td>班级</td><td></td><td>学号</td><td></td><td>姓名</td><td></td></tr>
<tr><td colspan="8">课程小结：</td></tr>
<tr><td colspan="8">教师评价：</td></tr>
<tr><td colspan="8">得分：</td></tr>
</table>

助力中国梦——从“断指铁人”到“大国工匠”的王尚典

王尚典，1980 年生人，辽宁省葫芦岛人，是中国石油锦西石化公司的高级技师、车工技能专家。在 2005 年的一次加工事故中，他的右手拇指粉碎性断裂，被定为四级伤残，只能将左脚的第二个脚趾移植到手上。在这种情况下，王尚典直面挫折，奋起拼搏，以异于常人的毅力重回车床旁，并在 2012 年第四届全国职工职业技能大赛中，一举夺得车工冠军，后来被称为“断指铁人”。

从“断指铁人”到“大国工匠”，王尚典希望和更多工匠们，一起为“中国制造 2025”撸起袖子加油干！这些年来，他作为产业工人，刻苦钻研、大胆创新，成为专业技术领域的顶尖人才，用脚踏实地的行动，传承着大国工匠精神。

在工作之余，王尚典还是一位热衷参与公益事业的志愿者，他从事志愿者活动十多年，参与敬老爱孤、植树绿化、保护环境等爱心活动。平时生活节俭的他，还资助了 4 名贫困学子顺利考入大学。除此之外，王尚典还担任辽宁省戒毒公益大使，为宣传禁毒戒毒贡献了自己的一分力量。

初心不改，履职尽责。王尚典一直信奉着“干工作就要敬业”的人生信条，他常说：“工作是一种态度，底线有多高，质量就有多高。”王尚典入行 20 多年，始终扎根在生产第一线，他希望通过自己的努力，助力中国石油产业腾飞发展，让社会各界关注技术工人队伍的建设，为早日实现中华民族伟大复兴的中国梦贡献力量！